现代电力市场丛书

面向新型电力系统运营安全的市场机制

尹　硕　尚金成　王雁凌　何　洋　王　鹏
刘　轶　李志恒　谢安邦　赵文杰　尚静怡
丁毅宏　陈子怡　刘　菁　魏胜楠　欧阳浩文　编著
李运杰　武佳琪

机械工业出版社

为推动国家能源安全战略、助力实现"双碳"目标，我国提出要加快构建以新能源为主体的新型电力系统。随着相关建设的深入开展，电力系统结构与形态呈现前所未有的转变，置信度低的新能源大规模入市势在必行，导致参与市场的经营主体风险增大，系统运营安全也面临重大挑战。总体看来，形成可兼容新能源发电特性的电力市场体制，提高系统保障能力和发电容量充裕度成为趋势。

本书基于新型电力系统对电力市场安全稳定运行的诉求分析，从防范经营主体市场运营风险的多主体协同交易机制、保障电力现货市场稳定运营的自适应限价机制、计划指令与市场化手段协同的一体化保供机制，以及支撑火电兜底保障作用的双差异化容量成本回收机制四方面进行研究，最后对新型电力系统期待全方位多角度的市场机制进行展望。

本书适合能源电力行业相关政策制定者和从业人员、电力市场行业企事业单位的各级领导干部及各工业企业的管理人员参考阅读。

图书在版编目（CIP）数据

面向新型电力系统运营安全的市场机制／尹硕等编著. -- 北京：机械工业出版社，2025.6. --（现代电力市场丛书）. -- ISBN 978-7-111-77948-3

Ⅰ. TM732

中国国家版本馆 CIP 数据核字第 2025Z319N3 号

机械工业出版社（北京市百万庄大街 22 号　邮政编码 100037）

策划编辑：翟天睿　　　　　　　责任编辑：翟天睿
责任校对：王　延　丁梦卓　　　封面设计：马若濛
责任印制：常天培

河北虎彩印刷有限公司印刷

2025 年 6 月第 1 版第 1 次印刷

169mm×239mm · 9.5 印张 · 167 千字

标准书号：ISBN 978-7-111-77948-3

定价：79.00 元

电话服务　　　　　　　　　　网络服务

客服电话：010-88361066　　　机　工　官　网：www.cmpbook.com
　　　　　010-88379833　　　机　工　官　博：weibo.com/cmp1952
　　　　　010-68326294　　　金　书　网：www.golden-book.com

封底无防伪标均为盗版　　机工教育服务网：www.cmpedu.com

前　言

我国在"双碳"目标指引下，正在加快构建清洁低碳、安全充裕、经济高效、供需协同、灵活智能的新型电力系统，新能源装机占比不断攀升。与此同时，电力体制市场化改革也在积极推进，随着新能源全面参与市场交易的提出，我国新能源从保障性收购、有序入市进入到全面入市阶段。

一直以来，我国电力行业都以确保电网安全稳定运行和电力平稳有序供应为首要目标。然而，低置信度新能源装机占比逐步增大将加大系统平衡难度，给系统运营安全造成诸多挑战。一是经营主体间协同能力不强，导致新能源市场化风险和常规机组收益问题未能得到有效解决；二是现货市场固定限价机制不够灵活，导致价格信号难以充分发挥引导资源合理配置的作用；三是电力保供形式发生较大变化，导致受端省份跨省跨区交易存在一定困难；四是火电机组的容量补偿机制还不够完善，使其在新能源高渗透率系统中难以有效完成调节和保障任务。

为应对上述问题，本书深入分析了新型电力系统对电力市场安全稳定运行的诉求，在此基础上提出了防范经营主体市场运营风险的多主体协同交易机制、保障电力现货市场稳定运营的自适应限价机制、计划指令与市场化手段协同的一体化保供机制和支撑火电兜底保障作用的双差异化容量成本回收机制，并进一步总结了新型电力系统期待全方位多角度的市场机制，期望能够为能源电力行业相关政策制定者和从业人员、电力市场行业企事业单位的各级领导干部以及各工业企业相关工作人员提供一定程度的参考，旨在助力电力市场化改革更加深入和精准，加强社会各界对新型电力系统运营安全的重视程度，并提高认知水平。

目　录

第1章

新型电力系统对电力市场安全稳定运行的诉求

1.1 新型电力系统概述

1.1.1 新型电力系统建设背景

能源保障和安全事关国计民生，是须臾不可忽视的"国之大者"。党的十八大以来，习近平总书记站在统筹中华民族伟大复兴战略全局和世界百年未有之大变局的高度，提出了"四个革命、一个合作"能源安全新战略，作出加快构建新型电力系统、建设新型能源体系的重大战略决策，为新时代我国能源高质量发展指明了方向、提供了根本遵循。构建新型电力系统将重塑我国的能源生产消费结构，促进我国深入推动能源革命，对我国建设社会主义现代化强国具有重要意义。

清洁能源加快发展，可再生能源地位越来越重要。截至 2023 年底，全国可再生能源发电累计装机容量 15.16 亿 kW，同比增长约 25%，占全部电力装机的 52%，历史性超过火电装机。2023 年，全国可再生能源发电量达 2.95 万亿 kW·h，占全部发电量的 31.8%[1]。

煤炭和煤电清洁化利用水平和能源效率不断提高，发挥了能源保供的压舱石作用。节能技术改造、热电联产改造等工作推动中国燃煤电厂效率不断提高。2023 年，全国单位火电发电量二氧化碳排放约 821g/（kW·h），同比降低 0.4%，比 2005 年降低 21.7%；单位发电量二氧化碳排放约 540g/（kW·h），同比降低 0.2%，比 2005 年降低 37.1%，火电清洁高效灵活转型深入推进[2]。

电力消费增长较快，能源系统调节和储备能力持续增强。2023 年，国内电力消费增速攀升，新兴产业用电量保持增长势头。全社会用电量达到 9.22 万亿 kW·h，比 2022 年增加 5764 亿 kW·h，同比增长 6.7%，增速比上年提高

3.1%，人均用电量达到6539kW·h，创历史新高[2]。截至2023年底，全国已建成投运新型储能项目累计装机规模达3139万kW/6687万（kW·h），平均储能时长2.1h。2023年新增装机规模约2260万kW/4870万（kW·h），较2022年底增长超过260%，近10倍于"十三五"末装机规模，能源系统的韧性不断增强[3]。

低碳科技发展取得新成绩，现代能源体系加快构建。截至2023年底，中国的新能源汽车保有量达到了2041万辆，占全国汽车总量的6.07%[4]。以新能源汽车、绿色建筑为代表的低碳科技和产品受到中国消费者的青睐。国家能源局发布了《"十四五"现代能源体系规划》，把"十四五"发展重点放在保障能源产业链供应链安全、推动能源绿色低碳变革、提升能源产业链现代化水平三个方面。

1.1.2　新型电力系统的内涵

新型电力系统是以确保能源电力安全为基本前提，以清洁能源为供给主体，绿电消费为主要目标，以电网为枢纽平台，以源网荷储互动及多能互补为支撑，具有绿色低碳、安全可控、智慧灵活、开放互动、数字赋能、经济高效等方面突出特点的电力系统。从供给侧看，新能源将逐步成为装机和电量主体。随着能源转型步伐持续加快，预计2060年我国新能源装机容量和发电量占比将分别为64.6%和58.6%[5]。此消彼长中，煤电将从目前的装机和电量主体，逐步演变为调节性和保障性电源。

从用户侧看，发用电一体"产消者"大量涌现。随着分布式电源、多元负荷和储能快速发展，很多用户侧主体兼具发电和用电双重属性，既是电能消费者，也是电能生产者，终端负荷特性由传统的刚性、纯消费型，向柔性、生产与消费兼具型转变，网荷互动能力和需求侧响应能力将不断提升。

从电网侧看，以大电网为主导、多种电网形态相融并存的格局将呈现。交直流混联大电网依然是能源资源优化配置的主导力量，配电网成为有源网，微电网、分布式能源系统、电网侧储能、局部直流电网等将快速发展，与大电网互通互济、协调运行，电网的枢纽平台作用进一步凸显，有效支撑各种新能源开发利用和高比例并网，实现各类能源设施便捷接入、"即插即用"。

从系统整体看，运行机理和平衡模式出现深刻变化。随着新能源发电大量替代常规能源，以及储能等可调节负荷广泛应用，电力系统的技术基础、控制基础和运行机理将发生深刻变化，平衡模式由源随荷动的实时平衡，逐步向源网荷储协调互动的非完全实时平衡转变。另外，气候因素的影响显著增大，电力系统与天然气等其他能源系统日益成为协调互动的整体。

1.1.3　新型电力系统的特征

2023 年 7 月，习近平总书记在主持召开中央全面深化改革委员会第二次会议时强调，要深化电力体制改革，加快构建清洁低碳、安全充裕、经济高效、供需协同、灵活智能的新型电力系统，更好推动能源生产和消费革命，保障国家能源安全。

构建以新能源为主体的新型电力系统，需要在电能的"产、送、用"全链条加大投入力度。从电源侧看，为了解决新能源装机带来的随机性、波动性问题，必须加快推动储能项目建设；从电网侧看，保障供电可靠、运行安全，需要大幅提升电力系统调峰、调频和调压等能力，需要配置相关技术设备；从用户侧看，政府鼓励用户储能的多元化发展，需要分散式储能设施与技术。长远来看，这是推动电力行业高质量发展、实现碳达峰、碳中和目标的必要之举。

新型电力系统具有以下特征：

1）清洁低碳。形成清洁主导、电为中心的能源供应和消费体系，生产侧实现多元化、清洁化、低碳化，消费侧实现高效化、减量化、电气化。

2）安全充裕。新能源具备主动支撑能力，分布式、微电网可观可测可控，大电网规模合理、结构坚强，构建安全防御体系，增强系统韧性、弹性和自愈能力。

3）经济高效。电源侧新能源提供可靠电力支撑，实现化石能源向基础保障性和系统调节性电源并重转型，电网侧充分发挥能源电力资源的优化配置作用，负荷侧推动传统消费者向产消者转变，提升系统整体效率，实现转型成本的公平分担和及时传导，以及电力的价值升级和价值创造。

4）供需协同。加强传统火电、新型储能、虚拟电厂等海量系统调节资源的存量挖潜和增量能力建设，实现源网荷储多要素、多主体协调互动，交直流混联大电网、微电网、局部直流电网等多形态电网并存，充分激发需求响应潜力，吸引社会各界广泛参与和主动响应，实现高质量的供需动态平衡。

5）灵活智能。融合应用"大云物移智链"等新型数字化技术、先进信息通信技术、先进控制技术，建设新型数字能源基础设施，通过大数据采集传输、存储、应用对海量分散发供用对象开展智能协调控制，促进新型电力系统能量流和信息流的深度融合，呈现数字化、网络化、智慧化特点。

1.1.4 我国典型地区新型电力系统建设现状

1. 我国新型电力系统建设总体情况

新型电力系统建设是我国能源转型的重要方向，近年来，在政策推动、技术创新和市场机制完善等多方面因素的共同作用下，新型电力系统建设取得了显著成效。

（1）可再生能源发电规模不断扩大　在发电装机方面，我国发电装机容量在近十年保持中高速增长，发电装机绿色转型持续推进，新能源新增装机历史性超过煤电装机成为新增装机的主体。

截至 2023 年底，全国累计发电装机容量约 29.2 亿 kW，同比增长 13.9%。其中，太阳能发电装机容量约 6.1 亿 kW，同比增长 55.2%，占比 21%；风电装机容量约 4.4 亿 kW，同比增长 20.7%，占比 15%；核电装机容量 0.57 亿 kW，同比增长 2.4%，占比 2%；火电装机 13.9 亿 kW，同比增长 4.1%，占比 48%；水电装机 4.2 亿 kW，同比增长 1.8%，占比 14%，如图 1-1 所示。

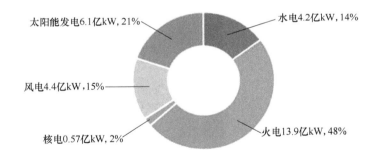

太阳能发电6.1亿kW，21%　　水电4.2亿kW，14%

风电4.4亿kW，15%

核电0.57亿kW，2%　　火电13.9亿kW，48%

图 1-1　2023 年全国发电装机容量占比

可再生能源装机规模不断实现新突破。2023 年，全国新增发电装机容量 37067 万 kW，同比增长 86.7%，增速较上年提升 75.5%。其中，新增水电 943 万 kW，同比下降 60.2%；新增火电 6610 万 kW，同比增长 44.7%；新增核电 139 万 kW，同比下降 39.1%；新增并网风电 7622 万 kW，同比增长 97.4%；新增并网太阳能发电 21753 万 kW，占同期全国总新增装机的比重为 58.7%，同比增长 146.6%。风电、光伏发电的新增装机占新增装机总容量的比重达到 79.2%，成为新增装机的绝对主体，如图 1-2 所示。

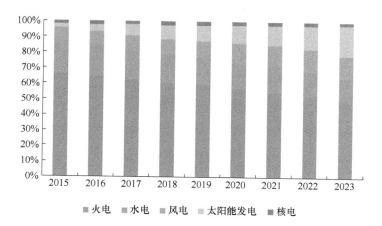

图 1-2　2015—2023 年全国发电装机结构（见彩插）

在发电量方面，全国电力生产能力持续提高，供需总体偏紧，发电结构不断优化，可再生能源发电成为我国电力资源供应的中坚力量。

据国家统计局，2023 年我国发电量为 94564 亿 kW·h，其中火电、水电、核电、风电和太阳能发电量分别为 62657 亿 kW·h、12859 亿 kW·h、4347 亿 kW·h、8859 亿 kW·h 和 5842 亿 kW·h。2023 年风电和太阳能发电合计在总发电量中的比重约为 15.5%，较 2013 年水平提高约 12.8%。2023 年，煤电占总发电量的比重接近六成，仍是我国的主力电源，如图 1-3 所示。

图 1-3　2013—2023 年我国发电量（亿 kW·h）（见彩插）

（2）电网基础设施不断完善　截至 2023 年底，全国电网 220kV 及以上输电线路长度为 919667km，同比增长 4.6%。全国电网 220kV 及以上公用变电设备容量为 542400 万 kV·A，同比增长 5.7%。2023 年，全国跨区输电能力达到 18815 万 kW，同比持平；全国完成跨区输送电量 8497 亿 kW·h，同比增长 9.7%。

2023 年全国电网工程建设完成投资 5277 亿元，同比增长 5.4%。其中，直流工程 145 亿元，同比下降 53.9%；交流工程 4987 亿元，同比增长 10.7%，占电网总投资的 94.5%。电网企业进一步加强农网巩固与提升配网建设，110kV 及以下等级电网投资 2902 亿元，占电网工程投资总额的 55.0%。白鹤滩-浙江 ±800kV 特高压直流输电工程实现全容量投产，驻马店-武汉 1000kV 特高压交流工程正式投运。

（3）新型储能发展迅速　新型储能规模化发展局面初显。2023 年，我国规划、在建、运行的新型储能项目达到 2500 个，较 2022 年增长 46%，其中，百兆瓦级项目数量增速明显，投运 100 多个，规划、建设 550 多个，较 2022 年分别增长 370%、41%[6]。国内现有规模最大的新型储能电站［200MW/800（MW·h）］在新疆喀什投运，国家能源局新型储能试点示范项目 65% 以上为百 MW 级，大容量新型储能项目成为常态。

（4）电力市场改革深入推进

1）省间电力交易体系已基本建成。为响应《国家发展改革委　国家能源局关于加快建设全国统一电力市场体系的指导意见》，持续完善省间电力中长期市场运营机制，2022 年 3 月北京电力交易中心启动省间电力中长期连续试运营。目前省间市场的格局已经比较完善，在传统以电力中长期交易完成优先发电计划的基础上，新增以绿电交易方式完成优先发电计划的途径，并在年度、月度成交后开展多通道集中竞价，在日前、实时维度开展省间电力现货交易，辅以应急调度保障电网安全。在确定省间电力输入输出后，以省为平衡实体开展省内交易，形成了多层次的市场体系。

2017 年 8 月，国家电网公司启动跨区域省间富余可再生能源电力现货交易试点，促进可再生能源大范围消纳，初步构建了省间电力现货市场框架。2021 年 11 月，为适应新型电力系统建设，进一步扩大市场范围、丰富交易主体、完善市场机制、提升配置能力，国家发展改革委、国家能源局印发《关于国家电网有限公司省间电力现货交易规则的复函》（发改办体改〔2021〕837 号），同意国家电网公司组织开展省间电力现货交易。2022 年 1 月，省间电力现货市场启动模拟试运行；同年 2 月，省间电力现货市场启动结算试运行。2024 年 10 月 15 日省间电力现货市场转入正式运行。

截至 2024 年 9 月底，省间电力现货市场启动试运行以来，已连续运行超过

1000 天，交易电量累计超 880 亿 kW·h，单日最大成交电力 1905 万 kW，覆盖国家电网公司和内蒙古电力公司经营区域 26 个省份，参与申报的发电主体有6000 余个、装机容量超 18.86 亿 kW，交易网络路径超 40 万条，实现了电力资源在全国范围的现货市场配置[7]。

2）电力中长期交易稳步大幅增长，绿电交易细则出台。2023 年全国电力市场中长期电力直接交易电量合计为 44288.9 亿 kW·h，同比增长 7%，电力中长期交易占市场化电量比重超过 90%。其中省内电力直接交易 42995.3 亿 kW·h（含绿电交易、电网代理购电），省间电力直接交易 1293.6 亿 kW·h。

2023 年 8 月国家发展改革委、财政部、国家能源局发布《关于做好可再生能源绿色电力证书全覆盖工作促进可再生能源电力消费的通知》，明确绿证的有效期为两年[8]。2024 年 7 月，国家发展改革委、国家能源局印发《电力中长期交易基本规则——绿色电力交易专章》（发改能源〔2024〕1123 号），要求加快建立有利于促进绿色能源生产消费的市场体系和长效机制，推动绿色电力交易融入电力中长期交易，满足电力用户购买绿色电力需求[9]。2024 年 8 月，国家能源局印发《可再生能源绿色电力证书核发和交易规则》（国能发新能规〔2024〕67 号），明确绿证是我国可再生能源电量环境属性的唯一证明，绿证核发和交易应坚持"统一核发、交易开放、市场竞争、信息透明、全程可溯"的原则[10]。2024 年 9 月，《北京电力交易中心绿色电力交易实施细则（2024 年修订稿）》发布，详细解释了绿电交易的过程细节。

截至 2023 年底，国网经营区累计成交绿电规模 830 亿 kW·h，其中 2021 年76.38 亿 kW·h，2022 年 143.08 亿 kW·h，2023 年超过 600 亿 kW·h，参与交易的经营主体达 20000 余家。南网经营区累计完成 215 亿 kW·h、绿证交易 14亿 kW·h，参与市场主体超 2000 家、覆盖 25 个省份。绿电交易同比增长 125%，绿证交易同比增长近 4 倍。

3）电力现货试点稳步推进。国家发展改革委、国家能源局下发的《关于加快推进电力现货市场建设工作的通知》（发改办体改〔2022〕129 号），对第一、二批试点地区提出要求：第一批试点地区原则上 2022 年开展电力现货市场长周期连续试运行；2022 年 3 月底前，参与电力中长期交易的用户侧应全部参与电力现货交易。第二批试点地区原则上在 2022 年 6 月底前启动电力现货市场试运行[11]。2023 年 9 月，国家发展改革委、国家能源局联合下发首部国家层面指导电力现货市场设计及运行的规则——《电力现货市场基本规则（试行）》（发改能源规〔2023〕1217 号），明确了电力现货市场建设路径[12]。2023 年 10 月，国家发展改革委办公厅、国家能源局综合司发布的《关于进一步加快电力现货市场建设工作的通知》（发改办体改〔2023〕813号）对电力现货市场建设要求进一步明确，如图 1-4 所示。

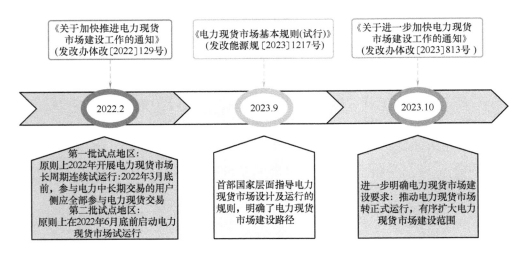

图 1-4　我国电力现货市场有关政策

4）辅助服务市场不断完善。2014 年，我国首个电力调峰辅助服务市场（东北电力调峰市场）正式启动，标志着市场化补偿电力调峰辅助服务尝试的开始。2015 年 3 月，《中共中央　国务院关于进一步深化电力体制改革的若干意见》（中发〔2015〕9 号）提出以市场化原则建立辅助服务分担共享新机制以及完善并网发电企业辅助服务考核机制和补偿机制[13]。2024 年 2 月，《关于建立健全电力辅助服务市场价格机制的通知》（发改价格〔2024〕196 号）旨在规范辅助服务市场交易和价格机制，促进电力系统的安全稳定运行和新能源的消纳[14]。2024 年 8 月，《电力辅助服务市场基本规则（征求意见稿）》提出优化各类辅助服务价格形成机制，健全辅助服务费用传导机制，统筹完善市场衔接机制，推动完善电力辅助服务市场建设[15]。

国网经营区目前形成以调峰、调频、备用等交易品种为核心的区域、省级辅助服务市场体系，基本实现省级和区域全覆盖。2023 年，公司 6 个区域、26 个省建立了辅助服务市场，辅助服务基本实现全覆盖。区域辅助服务市场主要开展区域调峰、区域备用辅助服务。省级辅助服务市场主要开展调峰、调频辅助服务。省级电力现货运行单位的调峰辅助服务与电力现货市场实现了有效融合，调频、备用等辅助服务品种持续完善，纳入新型主体参与辅助服务。山西省出台国内首个正备用辅助服务市场交易实施细则；甘肃省等14个省建成了调频辅助服务市场；山东省创新探索辅助服务交易品种，爬坡辅助服务从研究走向实践；西北区域调峰辅助服务市场新增储能市场主体参与；河南省明确独立储能可参与省内调峰市场；宁夏回族自治区明确虚拟电厂、可中断负荷可参与省内调峰市场。

2. 典型地区新型电力系统建设情况

（1）南方电网电力系统

1）南方电网有限责任公司新型电力系统发展特点。2023年，南方五省区新能源发电新增装机容量4872万kW，占新增电源总装机的73.9%。五省区新能源基本实现全额消纳，风电累计利用率为99.87%、光伏发电累计利用率99.70%，继续保持全国领先水平[16]。未来南方电网将积极融入全国能源发展布局，加大新能源跨省跨区输送力度，提升通道输送新能源比例；加快构建新型电力系统，推进打造数字电网，建立创新需求侧响应机制；大力推动分布式光伏、分散式风电等新能源有序发展，积极推进大规模海上风电集中统一送出电网建设；完善新能源参与电力市场和碳市场交易机制，促进新能源高效配置。

2）南方电网有限责任公司新型电力系统建设举措。

一是加强数字电网建设。南网公司提出"十四五"推动新能源新增装机1亿kW，依托数字电网建设为高效消纳新能源提供"核心算法"，支持新能源成为主力电源，在2030年前基本建成新型电力系统，确保新能源高效消纳和电力可靠供应。与此同时，公司站在能源革命、绿色发展的高度，开展多维、多元、多层次的研究和建设工作，挂牌成立了五家新机构，开展能源电力发展战略与未来技术、趋向研究，并加快推动一批示范项目实施落地。

二是完善电力市场机制建设。①"规划交易执行"全时序统筹。结合新能源电力电量平衡特性，从规划、交易、执行三个维度，提出从电力中长期到实时阶段、省内到省间的市场框架设计。②"上下内外"四维衔接。从南方区域电力市场全局考虑，对上衔接全国统一电力市场，对下推进绿色电力向区域市场融合，对内衔接省级电力市场，对外做好与碳市场、用能权市场的耦合联动。③"源网荷储"全生命周期价值覆盖。考虑电源、电网、负荷侧各类主体、储能的可持续发展，新兴市场体系需要支撑项目投资、项目建设、生产运行、监测评估全环节，反映市场价值和社会贡献，并获得合理收益。

三是促进电网企业参与绿色电力交易。在绿色电力交易中，购电主体一般是电力用户或售电公司，随着不断地发展建设，电网企业落实国家保障性收购或代

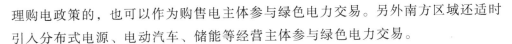

理购电政策的，也可以作为购售电主体参与绿色电力交易。另外南方区域还适时引入分布式电源、电动汽车、储能等经营主体参与绿色电力交易。

（2）青海省电力系统

1）青海省新型电力系统发展特点。青海省建成世界首个以输送清洁能源为主的特高压输电大通道——±800kV青豫特高压直流输电工程，具备典型送端电网特征，是"西电东送"的重要通道之一。目前青海省电源结构已发展到清洁能源主导、以新能源为主体的阶段，截至2023年底，青海省的新能源发电装机占比达到92.9%。在高比例新能源下，青海省面临电源侧新能源以低置信容量实现发电量高占比，电力电量实时平衡困难的问题，新能源+储能发展需求迫切。同时，青海省主要以电解铝、钢铁、多晶硅等高载能负荷为主，负荷侧响应能力弱，新能源就地消纳能力提升困难，成为制约新能源发展的重要因素。

2）青海省新型电力系统建设举措。

一是提升新能源就地消纳和外送能力。推动早日开工建设第二条特高压外送通道，谋划启动第三条特高压外送通道前期工作，并推动三批大型风电光伏基地尽快并网发电。

二是加快先进储能产业发展。立足国家清洁能源发展有关政策，大力推进国际国内合作，打造光伏制造、锂电储能等特色优势产业集群，合理新建风储电站、光储电站，保障新能源发电行业的连续输出能力。

三是完善市场机制建设。①建立新型储能参与市场机制。推动青海省新型储能发展，明确新型储能市场定位，鼓励独立储能自主参与电力市场交易，包括电力中长期电力市场、现货电力市场、辅助服务市场及容量市场的各类交易（含容量租赁等），坚持以市场化方式形成价格。②完善价格机制。确保新能源发电价格在合理区间运行，研究并推进可再生能源发电项目结算基价调整，在保证低电价优势的基础上，保证新能源企业合理收益。支持灵活性煤电机组、天然气调峰机组、水电、太阳能发电和储能等调节性电源运行的价格补偿机制。③规范技术标准。协调大电网，为分布式智能电网、微电网接入公共电网创造便利条件，简化接网程序，双方要明确资产、管理等方面的界面，以及调度控制、交互运行、调节资源使用等方面的权利与义务。

四是促进多经营主体参与系统。鼓励新能源发电基地提升自主调节能力，探索一体化参与电力系统运行。完善抽水蓄能、新型储能参与电力市场的机制。支持蓄热电锅炉、用户侧储能、电动汽车充电设施、分布式发电等用户侧可调节资

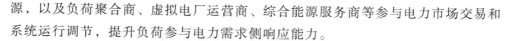

源，以及负荷聚合商、虚拟电厂运营商、综合能源服务商等参与电力市场交易和系统运行调节，提升负荷参与电力需求侧响应能力。

（3）河南省电力系统

1）河南省新型电力系统发展特点。河南省是能源生产和消费大省。2023年，全省能源生产总量约 1 亿 t 标煤，原煤约 1 亿 t，原油约 200 万 t，天然气约 2 亿 m³。截至 2023 年底，全省电力总装机 1.39 亿 kW，其中，可再生能源装机占比达到 48.2%，同比提高 7%。2023 年，全省能源消费总量约 2.45 亿 t 标煤，居全国第八、中部六省第一。全社会用电量 4090 亿 kW·h，居全国第八、中部六省第一。对标"双碳"目标任务，河南省能源发展面临能源消费结构不够优化、绿色低碳转型任务艰巨的挑战。为应对这些挑战，就需要大力发展新能源，但是现有电力系统难以满足大规模接入新能源的要求，并网难、消纳难等问题日益凸显。

2）河南省新型电力系统建设举措。

一是持续优化主网架结构。打造分层分区、结构清晰、安全可控、灵活高效、适应新能源占比逐步提升的坚强主网架，加快推进陕豫直流及配套工程核准建设，有效支撑特高压直流汇集、大规模潮流疏散、新能源出力波动，进一步提升能源资源大范围优化配置能力。

二是加快建设高质量配电网。构建安全高效、清洁低碳、柔性灵活、智慧融合的新型配电系统，持续提升互联互供能力、防灾抗灾能力、综合承载能力，适应分布式新能源、电动汽车充电设施、新型储能和虚拟电厂等新主体和新业态的便捷接入、"即插即用"。

三是增强系统调节能力。充分发挥不同调节方式优势，按照"近中期依靠火电灵活性改造和新型储能，中远期依靠抽蓄电站等长时储能"的思路，加快系统调节能力建设，保障电力系统安全可靠运行。同时，充分挖掘用户侧可调节资源，加大需求响应力度。

四是加快电力现货市场建设。加快推动新能源入市交易，逐步扩大新能源入市交易范围，通过市场供需和价格信号疏导新能源消纳压力、引导其有序发展；利用好跨区输电通道，积极推动省内新能源参与省间电力交易，助力新能源在更大范围内消纳。

（4）蒙西地区电力系统

1）蒙西地区新型电力系统发展特点。蒙西因地制宜建设新能源基地，在风能和太阳能资源禀赋较好、建设条件优越、具备持续规划开发条件的地区大力推进风电光伏发电基地建设。以区域电网为支撑，依托已建成跨省区输电通道和火电点对网输电通道，重点布局沙漠、戈壁、荒漠新能源基地；开展光伏治沙示范应用，科学选择治沙模式，有序推进风电和光伏发电集中式开发，重点布局以库布齐、乌兰布和、腾格里、巴丹吉林沙漠为重点的大型风电光伏发电基地。

2）蒙西地区新型电力系统建设举措。

一是加强新能源消纳举措。将可再生能源纳入内蒙古电力多边交易市场，开展可再生能源直接交易；开展跨省跨区低谷风电交易，为最大限度利用现有蒙西电网外送通道输送效率，实现风电资源在更大范围内消纳，开展与华北电网公司跨省跨区低谷风电交易；开展风电替代自备电厂发电试点工作，风电替代是发电权交易的特殊品种，在自备电厂运行方式不变的条件下，通过发电权交易降低其发电出力，由风电替代自备电厂发电，提高风电就近消纳水平，新增风电发电量；积极开展风电与供热企业、风电与抽水蓄能电站等交易品种研究工作。

二是完善电力市场机制建设。丰富调频、调峰、备用等市场品种，制定适合抽水蓄能、新型储能、虚拟电厂等新兴市场主体参与的交易机制，有效疏导系统调节资源成本，并推动风光火打捆外送电力中长期交易，在满足区内新能源消纳需求的情况下，利用外送通道富余容量开展新能源外送交易，积极推进新能源发电企业参与省间电力现货交易机制。建立健全保障机制，完善风电光伏发电项目开发建设管理机制，建立以市场化竞争配置为主的新能源开发管理机制；健全新能源电力消纳保障机制，科学制定新能源合理利用率目标，建立统筹新能源多元化发展场景的电力系统消纳预警平台，形成有利于新能源发展和系统整体规划动态调整机制；健全储能市场化运作机制，建立完善促进新型储能电站投资建设的补偿机制，灵活运用市场交易、价格政策、新能源配置等多种举措，激发社会资本投资建设新型储能电站积极性；健全安全保供补偿机制，研究建立应急备用和调峰电源管理机制，转为应急备用电源的企业给予合理补偿机制，完善应急备用电力交易机制，形成体现极端状况下电力市场实际需求的市场价格，加快推进需求响应市场化建设，建立以市场为主的需求响应补偿机制。

三是促进多经营主体参与系统。在电源侧，引入多种类型、高容量占比的电源全电量参与电力现货市场及出清，进一步减少了发电机组作为电力现货市场运行边界条件的约束，消除了不平衡资金，同时赋予新能源部分选择优先电量的权利，充分调动了新能源参与市场的积极性。蒙西电力现货市场通过用户侧全电量参与出清结算，真正发挥出供需决定市场价格，最大程度做到社会福利最大化，有效疏导了发电侧成本，并通过减少行政干预，保障市场出清价格的同时，事后约定风险防范措施保障用户用电成本。蒙西地区具备参与电力市场条件的规模以上工业企业均可申请市场交易资格，不受行业、用电量限制。

1.2　建设新型电力系统面临的挑战

1.2.1　系统平衡调节能力不足

当前，在推动能源绿色低碳发展的趋势下，我国正加快规划建设新型能源体系。其中，以"风光"为主的新能源发电比重持续提升，极大增强了能源电力系统对灵活性调节资源的需求，也给能源行业科学有效解决各种矛盾提出了新要求。

1) 高比例新能源下，系统平衡调节需求增加。电力系统是需要时刻保持平衡稳定的，大量新能源并网发电造成新能源装机容量比例在电网中不断增大，但光伏、风电等新能源具有波动性、间歇性和随机性等特性，不能稳定出力，容易导致短时间的电力不平衡，另外新能源发电与用电季节性不匹配，存在季节性电量平衡难题。此外新能源发电的波动性会造成大规模的接入电网后电压出现波动或者善变现象，还会影响系统的潮流分布。未来，新能源大规模高比例发展要求系统调节能力快速提升，但调节性资源建设面临诸多约束，区域性新能源高效消纳风险增大，制约新能源高效利用。

2) 灵活电源装机规模有待加速提升。相对于新能源装机而言，我国目前的灵活电源装机占比仍然很低。为更好地适应新型电力系统的发展，需要进一步提升系统的安全稳定调节能力。"系统调节能力难以适应更大规模的新能源发展需要"，《新型电力系统调节能力提升及政策研究》指出，"十三五"期间，我国新能源装机占比从 11.3% 升至 24.3%，而抽水蓄能、调峰气电等灵活调节电源占比始终维持在 6% 左右。比较而言，欧美等地灵活性电源比重较高，美国、西班牙灵活电源占比分别为 49%、34%，灵活调节电源分别是新能源的 8.5 倍和 1.5 倍[17]。

3) 煤电灵活性改造面临经济挑战。我国"富煤贫油少气"的能源禀赋决定了煤电压舱石的作用不可替代，煤电灵活性改造是提高电力系统调节能力的现实选择。但在现行电价机制下，煤电企业主要靠发电量获取收益，随着新能源发电占比持续提高，煤电功能逐步由主体电源转向调节性电源，发电小时数显著下降、收入明显减少，灵活性改造面临经济压力。

4）系统调节性成本升高，缺乏市场化疏导途径。全球已有超过 30 个国家的风电和光伏成本低于化石燃料发电，但从系统整体来看，新能源并没有实现真正意义上的"平价"，配套电网建设、调度运行优化、备用服务、容量补偿等辅助性的投资不断增加，整个电力系统成本随之增加，最终由终端用户买单。我国电价改革 40 多年来，以明显低于发达国家的电价确保了接近发达国家的供电保障能力、电力普遍服务水平和清洁能源供给能力。近年来，国家降电价的宏观政策，常常被简单理解为电力市场改革的前提，导致社会上普遍存在"电力改革降价为先"的误区，拿"电价降了多少"作为改革成功与否的重要评判标准，对能源转型应付出的成本代价没有做好充分的思想准备。随着新能源装机比例的提高，降电价的预期与系统成本上涨之间的矛盾会越发突出。一方面，不断降低的电价上限，不利于合理反映电力的商品价值，不利于辅助服务市场和其他配套市场机制发挥作用、引导灵活性资源等辅助性投资。另一方面，发展新能源带来的全系统、全社会成本的显著上升，电力系统调节的成本疏导和分摊机制尚未明确，若任由市场传导至消费端，则不利于实体经济产业竞争力提升，同时也不利于社会和谐稳定。

1.2.2 经营主体参与市场风险增大

为培植新能源发展沃土，我国自 2016 年开始施行新能源保障收购政策，然而，随着新能源的迅速扩张与市场化的纵深推进，保障补贴的财政与消纳压力日益渐涨，新能源保障小时数逐渐降低，推动新能源规模化参与电力现货市场势在必行。然而，波动性新能源参与电力现货市场后将给参与市场的主体带来一系列新风险。

1）新能源面临市场化风险。对新能源来说，其不确定性出力的固有特征与根据常规电源特点设计的电力市场模式存在不适配矛盾，大规模新能源涌入电力现货市场后容易引起包括曲线分解风险、偏差风险、价格风险等在内的叠化风险。一是新能源预测出力置信度较低，其签订的中长期合同电量按曲线分解至现货尺度下易产生电量偏差风险。二是新能源出力曲线与负荷曲线变化吻合度较低，造成电力现货价格剧烈波动，新能源大发时将严重拉低电力现货市场出清价格，新能源小发时又容易产生高昂偏差结算费用。三是新能源在市场中缺乏优化交易曲线的调整机会，容易形成风险终端。

2）常规机组面临收益挑战。对常规机组来说，目前我国处于电力市场建设和能源转型的"双期叠加"阶段，随着不可控新能源装机比例越来越高，常规机组将逐渐转变为电力系统重要的灵活支撑电源。然而，一方面，受政策导向及能耗指标约束，发电利用小时数的整体下滑使常规机组被动剩余发电能力及保障性收益水平相应下滑。另一方面，火电机组在市场化交易中也存在发电空间被挤占的消极态势。随着新能源优先出清地位的逐步明确，常规机组市场发电空间及结算价格也受到新能源影响呈现下滑趋势，火电机组在电能市场中发电逐渐呈现消极态势，导致其面临成本回收的困境；同时，由于现有灵活性市场交易尚不成熟，支撑常规电源作为灵活支撑性电源的市场发展空间不足，火电机组还面临转型困境。在此低收益的情况下，受全球能源价格动荡的影响，煤炭价格的高位运行又使得常规机组陷入亏本发电的艰难局面，尤其是新能源入市后带来的电力现货价格波动，进一步加大了火电机组收益的不确定性。

1.2.3　电力保供形势发生新变化

1）全国用电负荷和用电量快速增长。《2023—2024 年度全国电力供需形势分析预测报告》指出：2023 年，全国全社会用电量 9.22 万亿 kW·h，人均用电量 6539kW·h；全社会用电量同比增长 6.7%，增速比 2022 年提高 3.1%。2023 年全国电力供需总体平衡，但在部分时段，仍然会出现电力供需形势较为紧张的情况。报告还指出：综合考虑电力消费需求增长、电源投产等情况，预计 2024 年全国电力供需形势总体紧平衡。迎峰度夏和迎峰度冬期间，在充分考虑跨省跨区电力互济的前提下，华北、华东、华中、西南、南方等区域中有部分省级电网电力供应偏紧，部分时段需要实施需求侧响应等措施[18]。

2）新能源占比提高，保供需求增加。随着国内新能源占比的不断提高，非化石能源发电装机在 2023 年首次超过火电装机规模，占总装机容量比重在 2023 年首次超过 50%，煤电装机占比首次降至 40% 以下，其中，并网风电和太阳能发电总装机规模突破 10 亿 kW。从分类型投资、发电装机增速及结构变化等情况看，电力行业绿色低碳转型趋势持续推进。受新能源发电波动性、随机性较强的影响，新能源对电网晚间高负荷时段的供电能力支撑不足，同时，更加难以应对极端突发的运行情况。随着新能源出力的不断提高，系统中的火电机组将会面临越来越大的运行压力，进一步加剧了发电侧的波动性和不确定性，提高了多地电力保供的要求。另外，系统供电侧的不稳定使得电网难以高效地应对高温、极寒等极端天气，如何解决新能源设备的并网波动性问题，以应对极端天气下的电力保供形势，这同样是电力保供需要关注的重点。

1.2.4　发电容量充裕度面临挑战

燃料成本增加、清洁能源挤压火电份额，面对这两大难题，火电发电充裕度将面临严峻挑战。

2023 年国内动力煤市场价格先抑后扬呈 "V" 形波动，波动幅度收窄，价格仍保持高位。一季度，受煤矿事故影响，国内市场煤炭价格迅速上涨，但因供暖季接近尾声，煤矿生产旺盛且进口煤增加，煤炭价格呈持续下行走势。二季度，国内煤炭产量继续增加，煤电企业以长协煤采购为主，市场煤价格持续偏低运行。直至下半年，受事故影响，安全检查不断加强，供应有所收缩，动力煤市场价格企稳并回升。特别是 9 月中下旬，产地坑口价格高位上涨，到港成本高企，北方港口动力煤市场因市场煤资源不足，同时部分终端用户节前备货需求释放，贸易商情绪升温，引发动力煤价格快速反弹上行[19]。

煤电装机占比首次降至 40% 以下，新能源发电装机突破 10 亿 kW。截至 2023 年底，全国全口径发电装机容量 292224 万 kW，同比增长 14.0%，增速同比提升 6.0%。其中煤电 116484 万 kW，同比增长 3.4%，占总装机容量比重降至 39.9%，同比降低 4.1%。并网风电和光伏发电合计装机规模突破 10 亿 kW 大关，2023 年底达到 10.5 亿 kW，占总装机容量比重为 36%。

1.3　新形势下电力市场安全稳定运行的诉求

1.3.1　电力市场机制需要进一步丰富和完善

随着新型电力系统加快构建，新能源占比逐步扩大，以传统机组为主体制定的市场机制无法很好地适应高比例新能源的不确定性和间歇性，因此需要进一步完善电力市场机制，以应对新型电力系统带来的挑战。

具体来说，新型电力系统供需格局受到新能源出力特性的影响，缺电、弃电现象频发，电网安全稳定运行受到影响。近年来，多数地区夏季用电需求不断增加，而由于新能源的波动性出力难以灵活调度，且夏季多为无风、少风天气，新能源小发难以满足负荷尖峰需求，形成供需紧张局面，甚至危害电网运行安全；冬季由于存在一定比例的供热机组使得用于弥合新能源间歇出力造成偏差的常规机组可用容量较少，保障电力实时平衡的难度较大，在新能源大发期间将造成大规模弃风弃光现象，电网运行效率降低。因此，为避免采取限电等非市场化措施强制供需平衡造成能源浪费及社会福利受损等，亟需以市场化手段合理激励具有调节能力的机组供电、实现资源最大范围的优化配置，提高系统的灵活性与可靠性。

然而，由于当前存在缺乏有效的风险防范机制、电力市场监管体系尚未完善等问题，经营主体参与市场积极性较低，难以发挥市场活性。从电力中长期市场来看，较低的市场活性可能造成电力供需失衡问题。随着新能源中长期带曲线交易的比例升高，中长期交易预测数据在中长期尺度下的可信性较低，亟需增加中长期带曲线交易后的市场交易频次及交易灵活性，否则，电力中长期市场将不再发挥兜底保障作用，而是由于高比例偏差造成电力供需失衡。从电力现货市场来看，市场活性缺乏无法实现市场价格引导资源的优化配置。我国电力市场常采取规定市场化交易比例、经营主体准入原则和市场价格调控等政府宏观调控的方式，尽管这在一定程度上规避了电力现货市场风险，但也抑制了市场价格应有的活性，无法真正反映市场供需情况。此外，电力辅助服务市场活性不足将导致系统灵活调节能力短缺以及调节成本难以形成市场化合理分摊，容量市场建设活性不足可能导致常规机组成本回收受阻等。因此，进一步丰富和完善电力市场机制至关重要。

1.3.2　经营主体面临风险需要提供有效的规避途径

新型电力系统以确保能源电力安全为基本前提，以满足经济社会高质量发展的电力需求为首要目标。这种系统以高比例新能源供给消纳体系建设为主线任务，强调源网荷储多向协同、灵活互动，以及坚强、智能、柔性电网的重要性。这些特征对经营主体提出了新的要求，包括技术创新、体制机制创新等，同时也增加了市场参与者的风险。

新能源在交付时将面临巨大的量价风险。新能源发电的随机性、波动性、不确定性特点，使得新能源中长期曲线合同在电力现货市场交付时面临量价两个方面的风险，导致新能源签订中长期曲线合同难以达到"锁定长期收益、规避现货风险"的作用。压舱石可能变成翻船石，但往往交易规则又对新能源中长期合约比例有限制，导致要"顶风险"做决策。

新能源典型出力和价格特征反向相关，新能源出力高时价格走低，新能源发电匮乏时价格走高，导致多发电量低价卖，欠发电量高价买的窘迫局面，其次新能源集中的区域/节点电价低的问题加剧了决策难度。与此同时，随新能源发电技术的成熟和应用范围的扩大，对传统火电市场产生了直接的替代效应。新能源成本逐渐降低，不断吞噬传统火电的市场份额，对传统火电市场形成了冲击。新能源发电的快速发展也给传统火电企业带来了巨大的竞争压力。许多火电企业面临能源转型的困境，需要投入更多的资金研发和应用可再生能源技术，以保持市场竞争力。

在此背景下通过有效的风险规避手段，可以减少市场波动对经营主体的影响，从而增强整个市场的稳定性，对于维护新型电力系统安全稳定运行至关重要。

1.3.3 以保供为目标的省间省内衔接机制有待探索

新形势下能源安全新旧风险交织，供需双侧各类传统、非传统、显性、非显性风险因素急剧增多，区域性、时段性能源供需紧张问题时有发生，对能源电力保供提出了新要求。

从供给侧看，煤电等支撑性电源的规模仍需合理增长，针对机组非计划停运及降出力的措施需要进一步完善；新能源发电在关键时刻的顶峰能力差，保供能力和电网友好性仍需进一步提升；省间调电的争取难度不断加大、竞争激烈，通过省间电力现货市场、省间临时互济等应急跨省购电的量价不确定性增大。

从需求侧看，负荷峰谷差不断增大，尖峰负荷持续时间呈下降趋势，满足短时尖峰负荷需求将占用极大系统资源；特别是近年来度夏期间民生降温负荷占比总负荷较高，天气对负荷的影响力显著增大，极端天气越发成为影响电力供需的重要因素。未来，随着可再生能源发电占比持续提升，可再生能源发电受暴雨、大风、低温、热浪等极端天气等影响较大，将成为能源电力安全保供中的重要不确定因素。

基于新能源设备的快速发展、电力保供的难度不断加大、市场标准不统一等原因，当前我国跨省跨区市场还有待进一步优化。

1) 跨省跨区的电力中长期交易存在困难。受到省内电力保供的影响，部分省份严格限制外送电的规模，这导致了跨省跨区的电力中长期交易越发困难。一方面，不断抬高的月度及电力现货市场价格，使得送端电网的电力中长期市场交易积极性不断下降，受端电网只能更多地参与电力现货市场，受到电力现货市场的不确定因素影响，受端电网的保供难度不断加大；另一方面，省间发用电的线匹配难度较大，部分送端省份的外送电依赖于新能源出力，其发电峰值主要集中于午间，而受段省份的负荷往往集中于晚高峰时段，送受两端的曲线匹配面临难题。

2）跨省配套电源容量电费的分摊机制难以执行。2023年11月8日，国家发展改革委、国家能源局联合印发了《关于建立煤电容量电价机制的通知》（发改价格〔2023〕1501号），通知指出：煤电机组可获得的容量电费，根据当地煤电容量电价和机组申报的最大出力确定，煤电机组分月申报，电网企业按月结算。新建煤电机组自投运次月起执行煤电容量电价机制。各地煤电容量电费纳入系统运行费用，每月由工商业用户按当月用电量比例分摊，由电网企业按月发布、滚动清算[20]。

对纳入受电省份电力电量平衡的跨省跨区外送煤电机组，送受双方应当签订年度及以上电力中长期合同，明确煤电容量电费分摊比例和履约责任等内容。其中：①配套煤电机组，原则上执行受电省份容量电价，容量电费由受电省份承担。向多个省份送电的，容量电费可暂按受电省份分电比例分摊，鼓励探索按送电容量比例分摊。②其他煤电机组，原则上执行送电省份容量电价，容量电费由送、受方合理分摊，分摊比例考虑送电省份外送电量占比、高峰时段保障受电省份用电情况等因素协商确定。对未纳入受电省份电力电量平衡的跨省跨区外送煤电机组，由送电省份承担其容量电费。

然而，在实际落实过程中，网对网外送电的容量电费的实际执行仍然面临困难，一是两省政府之间的协商需要较长时间，二是受端省缺乏支付容量电费的积极性。

3）代理购电与市场化直购电难以协同。目前，由于代理购电与市场化直购电的价格形成机制的不同，价格出现了明显的倒挂问题，这种现象一方面难以刺激用户参与市场化购电，另一方面不利于跨省跨区优化配置的市场红利向用户侧传递。

各省代理购电偏差结算与考核机制需进一步优化。由于因电量追补及相关数据异常等原因，现行偏差结算机制会引起代理购电价格的偏差，导致部分费用无法传导到用户侧。对于偏差考核方式，不同省份做法也不尽相同，结算与考核机制需进一步优化。同时，在电网企业进行代理购电负荷预测时，由于用户众多，其预测难度较大，偏差考核费用也相对较高，而较高的费用可能会让用户难以承担，从而引发用户的不满。

1.3.4　火电机组容量补偿机制亟需进行优化

随着可再生能源的快速发展，我国部分可再生能源占比较高的区域已经开始出现顶峰能力不足、调节能力不足等问题，可能对电网供应安全产生影响，虽然储能和需求侧响应可以提供部分灵活性，但仍需要煤电机组作为主力提供能源供应保障能力和调节能力。为保证我国电力系统的安全稳定运行，煤电容量电价政策在此背景下应运而生。

由于煤价波动较大、电价无法传导，且煤电作为传统化石能源，与绿色减排目标相悖，近几年对煤电的投资大幅度减少，众多煤电企业也开始向新能源等其他电源类型转型。在没有足够投资的情况下，技术较为先进的新建煤电机组较少，无法为新能源提供长期消纳空间。而容量补偿机制意味着煤电资产将取得一部分稳定收益，其资产回报率的确定性有所提升，抵抗煤价波动的能力也更强。机组调节能力将得到普遍提高，为未来更多新能源的接入提供空间，促进能源的绿色转型。

1.4 本章小结

构建新型电力系统是我国能源革命的重要一环，旨在以新能源为主体，依托创新和数字化手段，建立绿色低碳、安全可控、经济高效的现代化电力系统。2022 年，我国可再生能源发电装机规模首次超过煤电装机，标志着新能源在能源结构中的重要地位不断提升。同时，电网基础设施和储能产业也在快速发展，电力市场改革取得显著成效。

然而，新型电力系统在运行过程中面临多重挑战。系统平衡调节能力不足，高比例新能源发电的随机性和波动性造成了电力系统大规模偏差问题，经营主体在市场中的风险也相应增大。此外，电力保供形势发生变化，新能源发电的强不确定性使得系统在应对极端天气时的稳定性受到挑战。火电机组的容量补偿机制亟需优化，以确保其在未来新能源接入中的调节和保障作用。

为了应对上述挑战，确保电力市场的安全稳定运行，需要进一步丰富电力市场机制，为经营主体提供有效的风险规避措施，完善跨省跨区电力交易机制，优化火电机组容量补偿机制。

综上所述，新型电力系统的构建对我国实现能源转型和可持续发展目标具有重要意义，但仍需在技术、市场机制和政策等方面不断探索和完善，以应对未来的各种挑战。

参 考 文 献

[1] 国家能源局. 国家能源局关于印发 2023 年度全国可再生能源电力发展监测评价结果的通知：国能发新能〔2024〕80 号〔EB/OL〕.（2024-10-10）〔2024-11-19〕. http：//

zfxxgk. nea. gov. cn/2024-10/10/c_1310787115. htm.

［2］　中国电力企业联合会. 中电联发布《中国电力行业年度发展报告 2024》［EB/OL］.（2024-7-10）［2024-11-19］. https：//cec. org. cn/detail/index. html？3-334911.

［3］　国家能源局. 边广琦：截至 2023 年底，全国已建成投运新型储能项目累计装机规模达 3139 万千瓦/6687 万千瓦时［EB/OL］.（2024-01-25）［2024-11-19］. https：//www. nea. gov. cn/2024-01/25/c_1310761952. htm.

［4］　中华人民共和国公安部. 全国机动车保有量达 4.35 亿辆 驾驶人达 5.23 亿人 新能源汽车保有量超过 2000 万辆［EB/OL］.（2024-01-11）［2024-11-19］. https：//www. mps. gov. cn/n2254098/n4904352/c9384864/content. html.

［5］　辛保安. 新型电力系统与新型能源体系［M］. 北京：中国电力出版社，2023.

［6］　国家能源局. 国家能源局发布 2023 年全国电力工业统计数据［EB/OL］.（2024-01-26）［2024-11-19］. https：//www. nea. gov. cn/2024-01/26/c_1310762246. htm.

［7］　韩煦. 全国统一电力市场建设迈出重要一步：省间电力现货市场转正式运行［EB/OL］.（2024-10-16）［2024-11-19］. https：//news. bjx. com. cn/html/20241016/1405297. shtml.

［8］　国家发展改革委. 国家发展改革委　财政部　国家能源局关于做好可再生能源绿色电力证书全覆盖工作促进可再生能源电力消费的通知：发改能源〔2023〕1044 号［EB/OL］.（2023-08-03）［2024-11-19］. https：//www. ndrc. gov. cn/xxgk/zcfb/tz/202308/t20230803_1359092. html.

［9］　国家发展改革委. 国家发展改革委　国家能源局关于印发《电力中长期交易基本规则——绿色电力交易专章》的通知：发改能源〔2024〕1123 号［EB/OL］.（2024-08-23）［2024-11-19］. https：//www. ndrc. gov. cn/xwdt/tzgg/202408/t20240823_1392553. html.

［10］　国家能源局. 国家能源局关于印发《可再生能源绿色电力证书核发和交易规则》的通知：国能发新能规〔2024〕67 号［EB/OL］.（2024-08-26）［2024-11-19］. http：//zfxxgk. nea. gov. cn/2024-08/26/c_1310785819. htm.

［11］　国家发展改革委. 国家发展改革委办公厅　国家能源局综合司关于进一步加快电力现货市场建设工作的通知：发改办体改〔2023〕813 号［EB/OL］.（2023-11-01）［2024-11-19］. https：//www. ndrc. gov. cn/xxgk/zcfb/tz/202311/t20231101_1361704. html.

［12］　国家发展改革委，国家能源局. 国家发展改革委　国家能源局关于印发《电力现货市场基本规则（试行）》的通知：发改能源规〔2023〕1217 号［EB/OL］.（2023-09-07）［2024-11-19］. https：//zfxxgk. ndrc. gov. cn/web/iteminfo. jsp？id=20272.

［13］　中华人民共和国中央人民政府. 中共中央、国务院关于深化国有企业改革的指导意见［EB/OL］.（2015-09-13）［2024-11-19］. https：//www. gov. cn/zhengce/2015-09/13/content_2930440. htm.

［14］　中华人民共和国中央人民政府. 国家发展改革委　国家能源局关于建立健全电力辅助

服务市场价格机制的通知：发改价格〔2024〕196 号［EB/OL］．（2024-02-07）［2024-11-19］．https：//www.gov.cn/zhengce/zhengceku/202402/content_6931026.htm.

［15］ 国家能源局．国家能源局综合司关于公开征求《电力辅助服务市场基本规则》意见的通知［EB/OL］．（2024-10-08）［2024-11-19］．https：//zfxxgk.nea.gov.cn/2024-10/08/c_1212404033.htm.

［16］ 帅泉，周志旺．2024 年南方电网能源发展论坛暨南网能源院研究成果发布会在广州举行［N］．南方电网报，2024-07-29.

［17］ 沈馨蕊．新型电力系统调节能力提升及政策研究［N］．中国电力报，2022-11-29.

［18］ 全球能源互联网发展合作组织．中电联：2023—2024 年度全国电力供需形势分析预测报告［EB/OL］．（2024-01-30）［2024-11-19］．https：//www.geidco.org.cn/2024/0222/6309.shtml.

［19］ 生意社．生意社：2023 年动力煤呈"V"字走势 2024 年或区间波动［EB/OL］．（2024-01-30）［2024-11-19］．https：//finance.sina.com.cn/money/future/nyzx/2024-01-30/doc-inafiecc9973819.shtml.

［20］ 国家发展改革委．国家发展改革委　国家能源局关于建立煤电容量电价机制的通知：发改价格〔2023〕1501 号［EB/OL］．（2023-11-10）［2024-11-19］．https：//www.ndrc.gov.cn/xxgk/zcfb/tz/202311/t20231110_1361897_ext.html.

第 2 章

防范经营主体市场运营风险的
多主体协同交易机制

在能源转型背景下电力市场环境日益复杂，市场运行出现一系列变化、面临协同发展的新挑战，威胁新型电力系统安全稳定运营。一方面，电力市场间协同运行能力不足，电力中长期、现货等市场的出现使得电力交易在不同时序、不同交易主体间进行，导致市场交易功能在运行时面临诸多壁垒、难以有效协同，制约电力市场整体运行效率；另一方面，经营主体偏差风险较大，不同交易时序下的合同电量偏差问题造成交易主体在市场中面临风险，尤其是新能源将承担较大的偏差风险，阻碍其长期交易的积极性。此外，发电主体的角色转换不仅需要市场具备新能源入市的交易渠道，也需要为常规电源等主体提供发挥灵活支撑能力的转型发展空间，形成良性发电竞争格局。因此，如何设计以多功能需求为导向的交易品种，解决市场间灵活经济运行的需求与新能源、常规电源等主体转型发展的交易诉求，对缓解不同交易时序下的合同电量偏差问题、保障系统安全稳定运营具有重要意义。

本章首先分析国内外应对多时间尺度交易偏差引发的经营主体风险防范机制，明确风险防范的方向。接下来，针对基于多时序电能量市场新增交易需求导向，提出经营主体间协同交易机制，对其价格模型、市场架构以及交易流程等做出规定。最后，结合某省新能源发电数据进行算例分析。

2.1 国内外多时间尺度交易偏差引发经营主体风险防范机制

2.1.1 国外市场交易偏差风险防范机制

偏差风险防范机制是确保电力系统稳定运行的重要手段，尤其是随着新能源渗透率升高，如何充分调动系统存量、挖掘灵活性资源至关重要。不同国家根据自身的电力市场结构、能源资源和技术发展水平，制定了各具特色的偏差风险防范机制。

1）新能源出力偏差惩罚机制[1]。国外电力市场中新能源出力偏差惩罚机制较常规发电机组更为宽松，旨在鼓励新能源参与电力市场交易。以美国得州电力市场为例，对常规机组而言，其出力超出考虑辅助服务调用的基点指令值 5% 或 5MW（取二者中较小值）时，将受到偏差处罚；而考虑到风电可控性差和市场对风电的接纳程度，ERCOT 对风电场的基点指令偏差处罚标准相对宽松，只在弃风状态下风电场出力高于基点指令值 10% 以上时才予以处罚。

2）平衡单元。面对高比例新能源对系统的冲击，德国和英国为应对系统电量偏差风险，采用平衡单元（Balancing Group，BG）、平衡市场以及不平衡结算的平衡机制（Balancing Mechanism，BM）并取得了显著的成效。德国的电力平衡机制由电力中长期合约、电力现货市场、电力平衡市场、电力再调度以及电力不平衡结算实现[2]。1999 年，德国首创 BG 模式，BG 是由电力市场中的一个或多个经营主体组成，具有一定自我调度协调能力、至少有一个送电端或受电端，并接受输电系统运营商（Transmission System Operator，TSO）管理的一种市场单元[3]。每个市场成员都必须加入一个 BG，每个 BG 需要一个平衡责任方（Balancing Responsible Party，BRP）来管理，BRP 一般由 BG 中有能力承担的大型经营主体自主选择担任，其责任是协调 BG 内部资源，尽可能安排合理和准确的发用电计划，并代表 BG 内经营主体参与电力现货市场以消除平衡偏差。英国电力平衡机制则由电力中长期合约、电力现货市场、电力平衡机制、电力辅助服务以及电力不平衡结算实现[4]。2011 年，英国建立了平衡机制，电力生产者、电力供应商为加入平衡机制需要创建各自的平衡机制单元（Balancing Mechanism Unit，BMU）。同时，为增加小型供电商和小型分布式发电资产等加入平衡机制的机会，产生了虚拟牵头方（Virtual Lead Party，VLP）这种新的经营主体作为一类 BMU，VLP 通过控制一系列资产的发电量或电力需求量，为英国电力市场提供灵活性服务[5]。英国 BMU 是通过申报初始发用电运行曲线和不断修订发用电运行曲线，并提供减少或增加发用电量的价格、接受电力系统运营商（Electricity System Operator，ESO）调用，以达到防范偏差风险的一种市场单元[6]。

3）灵活性资源开发机制[7]。应对电力系统偏差的灵活性资源分布于发电侧、电网侧和用户侧，随着技术的快速发展，灵活性资源开发越来越重要。在电源侧，广泛应用各种发电机组灵活性提升技术，提高除风电和光伏之外其他发电厂的灵活度。欧洲国家灵活电源比重相对较高，根据公开资料显示，德国、丹麦、西班牙、英国等国的灵活调节电源与可再生能源发电装机的配比分别为44%、43%、140%和190%。在电网侧，电网互联互通可以有效共享发电容量和发电量，使得电力系统更加灵活，集成可再生能源的能力不断增强。例如，欧洲跨国输电线路高度密集，遍布于成员国之间，大部分国家和其邻国电网之间的互联传输能力很强，通过高效的互联电网和市场机制，北欧和南欧富余的可再生能源能够输往西欧东欧，替代当地的煤电，方便各国能够利用跨国输电容量来保证冬夏高峰负荷期的电力供给。在用户侧，综合运用储能、电动汽车等技术手段，提高负荷的可调节性。例如，借助于完善的市场机制，欧洲国家普遍开展了需求侧响应，引导用户主动根据市场需求增加、减少或改变电力需求，以减小系统偏差。

2.1.2　国内市场交易偏差风险防范机制

目前我国电力市场的建设正处于逐步深化阶段，从传统的计划调度模式过渡到更加市场化的模式中，偏差风险防范机制是处理电力系统实时不平衡问题的关键之一。

随着新能源参与电力现货市场的不断发展，各地区对新能源超额获利回收项或偏差考核项的要求都越来越严格[8-9]，见表2-1。

表2-1　国内电力现货试点地区新能源考核补偿机制

地区	广东	山东	甘肃	蒙西
偏差电量考核规则	对新能源经营主体的短期功率预测和超短期功率预测进行偏差考核	超过预测偏差2%时进行考核	超过预测偏差5%或风电场低于25%，光伏电站低于15%时进行考核	月度电力中长期合约偏差考核
超额发电处理方式	研究开展可再生发电主体超额收益测算与回收	实时市场出清电价的5%回收偏差收益	实行超额获利回收制度	实行超额获利回收制度

为减小逐渐增大的系统偏差风险，发电企业通过调整发电量来响应电网需求的变化，提供调峰、备用等服务[10]；售电公司通过调控终端用户的电力消费，实现削峰填谷[11]；电网公司通过市场机制或直接调度来平衡电网，负责整体电网的运行稳定；大工业用户通过需求响应机制，在电网高峰时段减少用电，有时也通过自产电力供应网络；储能设施运营商（如共享储能）利用储能系统在低峰时储存电能，在高峰时释放，以协助电网平衡[12]。此外，针对源网荷储各个

环节中的电力系统灵活性资源，我国正逐步进行挖掘[13]，例如，煤电灵活性改造、水风光一体化开发模式等。

2.2 多时序电能量市场新增交易需求的确定

随着新能源装机比例的逐渐增大，电能量市场已呈现交易时序复杂化、主体多元化等新特征，亟需顺应新时期能源转型背景下的发展需求，对现有市场交易机制进行优化革新，因此，提出考虑可应对新增交易功能需求的新型交易品种。首先需要在多时序复杂电能量市场环境下对掣肘电力市场可持续、高质量运行的关键堵点进行分析，明确资源主体转型背景下市场运行的挑战与需求，为多时序电能量市场的新增交易品种需求导向奠定基础。

2.2.1 多时序电能量市场交易复杂性分析

自 2015 年新一轮电力市场改革至今已有十年，电力市场体系建设日益健全，多元机制设计探索完善，许多地区已形成了以中长期为主、以现货交易为补充的电力市场运行体系[14]。2023 年 9 月，国家能源局印发《电力现货市场基本规则》，2023 年底，山西电力现货市场进入长周期正式运行，意味着我国电力现货市场进入新阶段；同时，辅助服务市场作为提供支撑性服务的重要平台也在逐步提升运行能力。不过，现有市场体系仍存在不成熟、不完善之处，尤其是能源转型背景下涌现的新特征与当前市场体系存在碰撞，电能量市场交易将面临更加复杂的局面。

1. 中长期与现货电力交易时序衔接不畅

长久以来，我国电力系统都是按照单侧随机的"源随荷动"式运行模式保障电力电量平衡，而新能源出力的不确定性使得新型电力系统成为源荷双侧随机的不确定性系统，使得平衡机理发生变化，平衡复杂度增加。

电力交易是保障电力供需在各时间尺度下平衡、支撑系统长期平稳运行的主要交易平台。在现货环境下，电力中长期交易由电量交易转变为带时标的电力曲线交易，为体现电力的时、空价值，在"全电量竞价、边际出清"的集中式电力现货市场中，中长期合约电量需按曲线分解至现货尺度。目前，多地电力中长期交易规则中均有提出鼓励经营主体参与中长期交易时带曲线签约，促进形成有利于中长期与现货交易衔接的电力市场环境。然而，中长期交易签约时通常提供的是典型负荷曲线，但在多元新型负荷涌入市场的新形势下，负荷特性也将存在潜在变化，使得曲线本身就存在准确性问题。此外，当前市场中缺乏统一规范、高效准确的曲线分解方式，电力交易时序面临衔接不畅的问题[15]。

同时，对于随机波动的负荷曲线，常规电源具有跟踪负荷、灵活出力的可控性，进入实时调度阶段对于中长期签约电量的执行能力较强，为规避风险、获得稳定的市场化收益，常规机组的中长期交易量在电力交易中占据绝大多数，且为进一步发挥中长期交易"压舱石"的作用，在《关于做好 2024 年电力中长期合同签订工作的通知》中要求全年电力中长期合同签约电量不低于上一年度上网电量的 90%。然而对于具有时变性出力、长期预测置信度低的新能源主体，在电力中长期及现货尺度预测的出力水平将存在固有偏差，相较于灵活出力的常规机组，其履约能力有所不足。在曲线分解的市场环境下，新能源主体分解电量更易存在偏差，这给电力交易的物理执行及电力供需的时序平衡都带来了一定压力。因此，亟需增加中长期带曲线交易后的电力市场交易频次及提高交易灵活性，实现与现货尺度的对接，缓解时序交易风险。

2. 交易品种功能协同度不足

能源转型下的运行目标既要统筹考虑安全、清洁、经济的动态平衡，还要兼顾安全保供和转型发展，尤其是当前电力生产关系正在调整、重构，亟需电力市场在新的供需形势下依据多元运行目标对资源进行再配置，电力市场中存在涵盖多种交易目标的市场类型，协同保障市场总体运行需求的最大化实现。然而目前交易品种功能的协同度不足，未来将难以承接多元运行目标。

从保障运行安全的角度来看，既要实现短时间尺度下的灵活精准平衡，又要增加长期发电充裕度。一方面，需要提升市场配置调节性资源的能力，更高效快捷地获取灵活调节能力以保障电力实时平衡需求。经营主体虽可在辅助服务市场及电力现货市场交易调整偏差，但目前主辅联合优化的市场运行模式尚不深入，运行协同性仍有待提升。目前每种辅助服务产品分开报价、分别进行交易，使得辅助服务市场中的灵活性交易对资源配置的效益不足，灵活性机组受到市场壁垒的阻碍难以发挥最大效用以紧密配合供需实时变化，制约了市场对灵活调节效率的引导激励作用。另一方面，还要考虑到系统长期运行可能面临的发电容量不够充裕对运行安全的潜在威胁。除广东、山东实施了较为有限的常规机组成本回收方案外，发电机组的容量价值仅在辅助服务的备用价格中有所体现，但仅依靠电能量与备用交易及成本补贴的弱价格信号，则难以形成保障性电源的长期投资动力，可能会导致电力市场及系统面临周期性波动运行的风险。

从保障运行经济性与清洁性的角度来看，清洁能源的渗透率提升还将增加运行成本，为缓解这一矛盾，更需要推动新能源广泛、深入地参与市场化交易，以市场杠杆指导清洁性与经济性下的平衡配置。目前新能源仍享受度电补贴与保障性全额收购的政策利好，财政补贴项日益增加。同时，不同于国外有完善且成熟的配套机制支撑新能源的市场化交易，我国的绿证市场、碳市场及消纳市场等尚在起步阶段，存在绿证与绿电绿证功能划分不清、绿电消费认证重复计算、各环境产品间的互认机制缺失等问题，导致绿色市场间的运行功能不协同，对保障新能源环境权益的功能发挥不完全，且绿色市场与电力市场间的割裂运行也会造成新能源难以在电力交易中真正实现市场化[16]。此外，计划手段与市场手段的不协同也使得无差别的发电补贴与保障消纳降低了新能源在电力市场对电价的敏感度，将产生反作用阻碍新能源形成独立交易能力，牵制电力系统清洁运行能力的长期形成；而计划手段使得新能源在市场中的竞价策略不够真实，影响市场运行边界的同时亦将削弱价格信号引导配置资源的经济性。

3. 电力中长期与现货市场资源主体发展不协同

在能源转型背景下，电源结构将由可控连续出力的煤电、气电等传统能源装机占主导，逐渐向强不确定性、弱可控出力的新能源发电装机占主导转变。此前按照常规电源特性设计的竞价机制适用性有所下降，而新旧电源的转换势必要重构发电竞争格局。

"同质同价"是市场中竞争定价的基本原则[17]，长久以来，电能量竞价机制也是在同质资源之间进行的。若仅从电能量属性来看，常规能源与新能源具有等同的电能量价值，而在其他属性及成本价值上却有较大差异，按原有模式实行同台竞价存在不合理之处。新能源发电以风光自然资源作为原动力，变动成本近乎为零，但新能源的接入将直接引发系统消纳成本，包括灵活性电源投资、系统调节、电网扩展与补强等成本，当前的电力现货市场以边际成本竞价形成的价格，难以完全体现为消纳新能源所付出的系统成本。新型电力系统下的成本构成发生变化，进一步使得发电价值在电能量价值的基础上衍生出为保障系统安全稳定运行的可靠性价值、灵活运行的调节价值、体现环境权益的绿色价值等。而体现多元价值的市场体系目前还未能同步建设，造成现有市场架构下以电能量价值为主的价值体系，导致具有多重属性的资源主体陷入"零和竞争"，不利于资源主体间形成良性竞争、兼容互济的长期发展格局。

从目前现货电能量市场的竞争形势来看，常规电源在电力中长期市场中缺乏灵活性交易渠道，且在电力现货交易中不具备报价优势，成本回收困难；加之发电空间被挤压、灵活调节能力发挥受限，阻碍其向保障支撑性电源的转型发展。

具体来说，当新能源保障小时数以外的电量参与电能量市场时，以常规可调节电源对价格接受者定价可能带来对新能源的过补偿。若新能源与常规电源同台竞价，燃煤、燃气发电及储能等资源基于燃料成本进行报价，而具有保障补贴基础、低变动成本特点的新能源在电力现货市场中可采取报低价的策略，那么由于"价值顺序效应"的存在，相对低价的新能源将处于优先出清地位。

因此，亟需承接经营主体交易及转型发展诉求，促进主体间的激励相容，实现资源主体的互济配合。

2.2.2　能源转型下发电侧经营主体的挑战与需求

在能源主体转型背景下，涌入市场的资源属性日趋多元，电力市场原有供需特征出现变化，需要市场再配置、供需再平衡，这就要求电力市场向着高效率运转、高效益配置的"双效"运行状态发展。而当前电力市场处于复杂动态变化状况，市场中现有的矛盾将随着低碳化进程的推进更加突出，亟需对资源主体转型下电力市场运行的挑战与需求进行研究，明确新增交易品种的需求导向。

1. 新能源市场化风险规避需求

现行电力市场交易特点与新能源出力固有特征存在双向冲击，尤其是兼容新能源特点的电力交易机制广泛推行前，市场将在被动状态下接受大规模新能源涌入，进一步激化二者存在的不适配矛盾，引起包括曲线分解风险、偏差风险、价格风险等在内的叠化风险[18]。

从中长期尺度来看，新能源因其出力特性曲线与系统负荷曲线吻合度较差，加之其预测数据在中长期尺度下的置信度较低，导致新能源中长期电量按曲线分解后存在天然偏差风险，而现行的偏差调节手段，如电力现货市场、辅助服务市场在体制机制弊端的掣肘下难以有效对冲偏差风险。一方面，大部分电力现货地区尚在试点阶段，未完全市场化，潜在的运行风险及价格波动风险隐匿于"双轨"盲区，非显性的风险来源更难以规避。另一方面，辅助服务市场"拆东补西"的调控分摊方式将放大平衡资金缺口，风险转嫁则导致市场运行逻辑更难以理顺，电力中长期与现货交易壁垒更难以破除，加剧曲线分解工作难度与新能源亏损压力。

从现货尺度来看，越临近实际运行日，电力现货市场波动风险越大，新能源主体将承担更大的价格波动风险，且中长期曲线分解后的分时段不平衡电量结算时需按现货价格标定考核费用，严重时还将面临极端高价下的偏差考核风险。另外，新能源小发时电力现货出清价较高，为减少偏差考核费用，新能源需在电力现货市场高价外购电力,或购买辅助服务以保障平衡,偏差严重时易产生较大亏损,而新能源大发时电力现货出清价近乎零价,甚至在山东电力现货市场中还出现过负电价,造成经营主体收益水平严重下滑,使其利益与风险出现失衡。

尽管新能源自身属性导致的偏差电量难以避免,但可在标定量价前实现风险对冲,而现有中长期交易由于缺乏合约调整机制,且一旦签订就不能变更、解约,使得新能源在市场中缺乏优化交易曲线的调整机会,容易成为风险终端。因此,基于上述分析,新能源主体亟需可兼容其发电特性的市场交易环境及应对风险的退路,形成可进可退的多主体协同交易渠道。

2. 新能源品质缺乏差异化度量

新能源发电过程中,电力需求的响应完全度、提供供电服务的水平有所差异,其发电品质也不尽相同。

各类新能源资源均具有电能量属性及绿色属性的基础表征,由于风、光发电同具零碳排放效力,且风、光自然资源的可获得性均较强,不同新能源资源的绿色属性表征度较高且较为趋同;同时,保障收购政策的存在使新能源在市场交易中可报更低的价格以优先出清,因此新能源表征电能量属性的机会也较为充分。但受到发电形态、资源禀赋、预测技术等外部因素的综合影响,新能源发电时将呈现出不同程度的波动性,波动性较强的新能源在响应供电需求时存在资源对市场的适应度较低、市场对资源特性适配度较低的现象。

然而,当前研究多从促进新能源体现绿色价值、电能量价值的层面进行市场设计的创新及优化,在推动新能源优势发展的同时也造成绿电趋于同质化、难以甄别新能源发电品质的问题。此外,按现行统一购买灵活性服务的平衡方式,市场将不得不为真正引发平衡代价的主体接盘,而由于市场缺乏对绿电品质的差异化度量,导致不同品质的新能源共同分摊平衡成本,易产生"搭便车"现象,还将削弱新能源品质与个体利益需求间的联动效应,阻碍市场对相关主体需求信息的真实传递,造成交易主体间形成不完全信息博弈,背离了激励相容原则。

因此,基于上述分析,新能源竞争边界的模糊化不利于其主动提升自身品质形成内部驱动力,亟需对新能源发电品质进行差异化度量,实现资源的优胜劣汰,促进市场与资源间形成双向兼容的动态响应,在提高新能源波动性对市场自适应度的同时,促进新能源逐步形成独立交易能力。

3. 灵活性资源亟需稳定收益保障

能源绿色转型要求新能源成为电力电量主体,而新旧电源的转换并非此消彼长的替代关系,更应形成耦合协同的多向互济格局,类似常规电源及储能等具备上、下双向调节能力的灵活性资源却面临着不同程度的转型发展制约。

"十三五"以来，能源电力行业以"去产能、低碳化"为目标，政策利好在鼓励清洁能源发展的同时，也对煤炭、煤电行业定下硬性指标，据估计，"十三五"煤电去产能总计压减装机规模 1.7 亿 kW。步入"十四五"后，"双碳"战略目标的提出使得煤电行业发展又受到能耗双控的硬约束，陷入减量关停、发展受限的局面。增量火电投资意愿下滑的同时，存量火电在市场中的利用情况同样不容乐观，根据国家能源局发表的数据（见表 2-2），在 2013—2023 年的十年间火电机组利用水平下降超 10%，发电利用小时数的整体下滑使得常规机组被动剩余发电能力，保障性收益水平也将相应下滑。

表 2-2　2013 年和 2023 年火电利用情况

年份和变化	2013 年	2023 年	减量变化
发电利用小时数/h	5021	4466	↓11%
发电量占比（%）	80.4	69.9	↓13%

同时，不仅政策导向及能耗指标约束着火电发展，在市场化交易中也存在发电空间被挤占的消极态势。随着新能源的优先出清地位逐步明确，常规机组市场发电空间及结算价格也受到新能源影响呈现下滑趋势。不仅如此，现有灵活性市场交易尚不成熟，支撑常规电源作为灵活支撑性电源的市场发展空间不足，面临转型困境。在此低收益的情况下，受到全球能源价格动荡的影响，煤炭价格的高位运行使得常规机组陷入亏本发电的艰难局面，以五大发电集团为例，2021 年及 2022 年其煤电发电供热亏损分别高达 1360 亿元和 784 亿元，其中大唐公司亏损最为严重，仅 2021 年前三季度净利润下滑 91.64%。在收益缩减与政策约束的双重压力下，使得火电投资意愿降低、发电积极性下滑，保障新能源平衡消纳的支撑性电源转型困难。

储能作为新能源背景下最重要的辅助性电源，能够实现能量的时空转移和转化，极具调节潜力。我国各省份已参照国外模式，并结合自身电力建设特点，不同程度地将新型储能纳入电力交易中，但仍然存在储能交易积极性不高，建设成本难以通过交易有效回收等现象。即便新能源配储政策提供了更长远的应用场景，但目前储能成本仍然是关键问题，强制配储需要解决好利益分配及交易模式的问题，否则不仅会造成新能源固定成本的增加，还难以甄别储能电站的充放电能力，不利于形成持续性交易能力。同时，结合目前各省市的储能建设实际情况来看，挖掘储能作为新兴电源的潜力首要任务是打破市场化交易壁垒。储能作为新兴经营主体，其市场化交易还面临着经营主体地位有待提升、市场接纳程度有限、市场获益渠道尚不清晰等困境，储能在市场中真正发挥效用的渠道与还有待建立[19]。

基于上述分析，常规电源、储能等灵活性资源虽极具调节能力，却因滞后的市场设计与有限的发展空间而受到转型制约与收益困境。因此，亟需面向具有调节能力的灵活性资源提供市场化渠道，在满足主体收益预期的基础上以显性价格激励作为灵活性资源转型驱动力。

4. 电力系统调节能力亟待提升

在新型电力系统运行模式下，传统"源随荷动"的平衡模式已不再适用，非线性、不可控的新能源与可双向交换电力流的灵活性负荷规模化进入市场，加剧了源、荷双侧耦合消长的随机性，尤其是新能源短时出力变化幅度大，需要系统具有足够的灵活性资源储备以快速应对电力缺口。根据 2023 年美国加州独立系统运营商（CAISO）发布的信息，新能源的渗透率逐步提升使得"鸭子曲线"正逐渐变为更陡峭的"峡谷曲线"，如图 2-1 所示，短时平衡难度日益加大、调度平衡操作更复杂，也对系统运行灵活性提出了更高要求[20]。

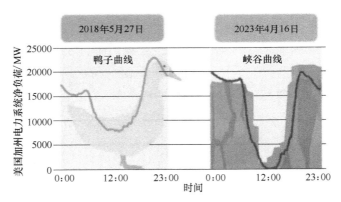

图 2-1　美国加州电力系统净负荷曲线

此外，在特殊供电时段灵活机组的高水平运行也将造成系统调节运行空间不足的问题，削弱系统灵活运行能力。以新能源高占比的蒙西地区为例，自治区风光资源富集、煤炭储备丰富，但地区电力需求侧调节能力较差，引导支撑新能源消纳的调节资源功能发挥不充分，地区"缺电"与"窝电"现象频繁交替，存在季节性供需紧张的状况。在供热期间地区最高供电负荷不足 2000 万 kW，而供热机组容量近 1800 万 kW，清洁能源装机超过 3100 万 kW，自治区风电大发期为冬、春两季，与供暖期重叠，供热机组需全方式运行以保民生供暖，此时灵活性机组可调空间压缩，系统灵活运行能力下滑。

随着调节需求的增加，市场中可提供灵活平衡服务的交易方式难以为系统提供更灵活便捷的调节能力，不足以支撑新能源大规模入市的交易持续性。受到市场体制机制弊端的掣肘，目前电力现货市场还是辅助服务市场的平衡效力都较为有限，系统平衡成本也将随着发用偏差压力的增加而上涨，而当前相关成本流向不透明、平衡责任摊派不公平，运营机构也不得不为真正引发平衡代价的主体接盘，导致新能源平抑波动的主观能动性难以形成，同时还将加重运营机构的平衡压力。

另外，目前国内市场基于不同新能源波动程度而产生的灵活性成本缺少显性交易落实至平衡责任主体，不仅缺乏对新能源的差异化度量，也不利于资源的调节能力度量，会削弱灵活性市场对调节性资源的引导激励作用，造成灵活调节资源被动冗余调节能力，违背激励相容原则，阻碍市场长久高效运行。此外，作为稳固电力市场运行的基本盘，当前的电能量市场中缺乏新能源与调节性资源供需诉求对接的交易渠道，也在一定程度上局限了调节性资源的交易配置空间与功能发挥，造成系统灵活运行能力不足。

系统的灵活运行需求随新能源的增长呈现正相关，而系统中不乏多元灵活性资源，但部分调节性资源调用不充分，甚至被动冗余调节能力，是由于缺乏直接与灵活性需求对接的市场渠道，难以实现需求-供给的直接对接，造成系统灵活运行的潜能难以有效开发。因此，不仅需要引导鼓励新增调节性资源的入市，更要充分开发现有灵活调节资源发挥效用的渠道，提升系统运行灵活性。

2.3　基于多功能导向的经营主体间协同交易设计

基于上述多时序电能量市场的复杂性分析以及新增交易品种的需求导向分析，结合电力市场经济机制设计的要求，提出并设计基于多功能需求导向的新增交易品种，即经营主体间协同交易。

2.3.1　电力市场经济机制设计原理

机制设计理论（Mechanism Design Theory，MDT）是一个经济学概念，最早由 Leonid Hurwicz 提出[21]，也是目前国内外研究学者进行市场机制设计所遵循的重要原理，涉及服从激励相容性原则、个体理性原则以及风险防范原则等。在电力市场下的机制设计通常以优化模型来实现资源最优配置，将社会福利最大化或运行成本最小化作为目标函数，对参与的经营主体运行限制及耦合影响等作为约束条件，实现激励相容并保障个体决策的理性。

Leonid Hurwicz 对激励相容这一原则做出了明确解释，其内涵是指经营主体参与交易时所做出的实现收益最大化的理性策略，且该策略与市场收益最大化的策略目标相一致，从而引导经营主体能够按照市场机制设计者所期望的策略参与交易，也就是市场整体利益与主体自身利益不存在冲突，以避免市场机制的设计存在漏洞。在电力市场中，激励相容原则通常体现在发电主体与市场运行调度间的信息对称，从而实现发电资源主体的经济性调度。在市场中，发电主体只有根据自身真实成本进行理性报价才能够实现利益最大化的目标，以此激励发电主体的报价真实性，形成满足市场真实供需水平的报价曲线，并添加发电主体的运行约束、出力限制约束、灵活跟踪负荷能力的约束等，以此保证发电主体与运行机构间的信息真实性。

个体理性原则也是市场机制设计中的重要原则，是激励各发电主体参与市场的重要驱动力，通过满足发电主体预期的收益水平来提升其参与市场交易的积极性。在电力市场交易中，个体理性原则通常以发电主体的净利润收益来表征，且式（2-1）所表示的净利润收益应为正，以此实现激励发电主体参与市场的正向反馈。

$$R_i - C_i P_i \geq 0 (\forall i) \tag{2-1}$$

式中，R_i 与 C_i 分别是主体的收益与单位发电成本；P_i 是其参与交易的功率大小。

此外，在新能源入市扩大的形势下，经营主体对险厌恶特性越发明显，市场机制设计应注重建立多元协同的风险防控手段，以应对电力市场中的多重随机因素。

同时，市场机制设计包括供需主体，这就涉及该市场的博弈形式，继而建立相关约束，并在保障经营主体自身合理利益的基础上做出最优选择。例如，鲁宾斯坦博弈是美国经济学家阿里尔·鲁宾斯坦提出的一种较为复杂的博弈模型，经营主体在参与双边协商市场时，一般都在各自价格区间里制订讨价还价交易策略，并根据策略轮流出价。假定一方先提出资源交易策略，另一方可以选择接受或者拒绝，选择接受则博弈结束，若另一方拒绝则提出新的购买或出售方案，如此往复，直到得出一个市场交易双方可以接受的协同资源交易策略。

2.3.2　基于交易功能需求导向的经营主体间协同交易设计

1. 基于功能需求导向的协同交易品种设计

根据对当前市场交易框架下挑战及需求的分析，结合对市场机制设计的原理，从经营主体发展诉求来看，新增交易品种要满足个体理性原则。鉴于新能源易产生电量偏差的固有特征难以避免，而在保障政策的影响下其自主平衡的内生驱动力不足，且市场中的复杂交易环境又未能提供解决途径，缺乏市场引导新能源形成长效发展的外部牵引力。常规电源优越的调节性能能够减小新能源的偏差，且常规电源由于电能量收益下滑也具有交易调节能力的意愿。基于两类主体的理性交易趋向，二者的交易诉求存在对接的可能。

因此，基于个体理性原则首先确定新增交易品种的供需主体为新能源主体及常规电源、储能等协同交易主体；其次考虑到电力现货市场价格风险较大而电力中长期市场具有规避风险的能力，故在推动新能源大规模入市初期，选择在中长期电能量市场构建以协同调节能力为交易标的的平台。考虑到越临近实际交割的偏差量对系统运行影响越大，且新能源保障预测精度的时间跨度较短，因此可在年度之后、现货之前开展交易调整，如月度、周度交易，为增加交易频次，加强与电力现货市场的衔接，还可开展多日交易，形成多时间尺度的"偏差缓冲带"。

同时，基于激励相容原理，市场参与者在真实报价追求自身利益最大化的同时不应与整体利益产生矛盾，作为引导资源配置的指挥棒，可利用资源主体对价格信号的敏感度差异，实现主体在新增交易中的出清配置，要保障该交易的存在，可促进不同资源禀赋的资源主体间形成激励相容发展模式，还要从市场运行的角度出发，避免所交易的调节能力存在冗余或缺失的情况，这就需要具体设计新增交易的各项要素及交易流程。基于参与者的理性交易策略形成市场化协同匹配结果，在主体双方形成正面的利益交互关系，再通过市场信号刺激现存协同资源进一步释放调节能力，保障电能量交易的高效灵活性，促进实现协同调节能力与辅助服务等其他交易品种的兼容协同和激励相容，逐步化解电力多边交易市场的运行压力。具体设计思路如图2-2所示。

在经营主体间协同交易中，对于存在调节出力的需求主体，若自身实际出力大小叠加协同出力后的等效出力与预测出力之间的偏差在考核范围内，则可规避偏差风险。未配置协同调节能力的新能源可认为"无协同"地进入电力现货市场，当偏差超过允许范围时将为此承受现货价格标定的平衡成本与偏差费用。配

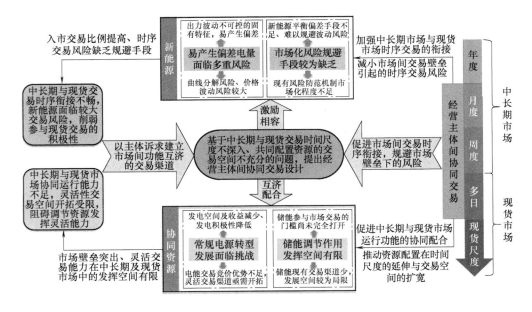

图 2-2　基于交易功能需求导向的经营主体间协同交易设计思路

置协同调节能力的新能源可规避偏差、实现风险部分转移，且能够在对冲风险的同时促进形成竞争意识，并通过市场竞争不断优化自身发电品质、促进资源可持续发展。

2. "基础价+调节价"的协同价格模式

作为激励经营主体积极参与协同交易的直接动力，需要构建合理且有效的协同价格模式激起供需双方的交易意愿。一方面，价格形成方式要在覆盖成本的基础上尽可能满足协同供应方的收益预期，以常规机组为例，其当前面临的固定成本回收困难、市场化收益空间下滑的问题都迫切需要解决，协同定价应考虑到协同交易主体（本书主要考虑常规机组）这两方面的收益预期，在保障一部分成本回收的基础上开拓市场化交易空间。协同机组在电力现货市场中面临的收益下滑困境，除了新能源渗透率提高降低了出清电价这一原因外，还有新能源与常规电源同样具有的电能量属性加剧了对常规电源的替代竞争，导致其收益来源不稳、收益水平下滑这一原因。而经营主体间协同交易是灵活交易功能的针对性品种，形成了基于调节能力同质、同台竞价的市场，根据常规电源能够发挥新能源所不具有的灵活调节功能这一特性来削弱不同资源禀赋的发电主体间的电能量竞争替代性，为协同机组提供具有稳定收益的平台。

另一方面，对于新能源主体来说，其根据对运行日 24h 的预测出力及期望出力（如中长期曲线分解至运行日的计划出力）间的偏差叠加形成了市场中的协同需求，如图 2-3 所示。协同交易在规避新能源交易风险的同时，也使其面临支付相关协同费用的问题；且新能源出力产生的偏差虽然要面临考核的风险，但在实时电能量交割前却可选择购买灵活性交易平抑偏差或支付偏差考核费用。而协同交易品种的建立增加了灵活交易渠道，不仅激励新能源进一步参与市场交易，也使得协同交易与其他灵活交易形成了替代制衡的关系，避免协同交易及现有辅助服务灵活交易品种价格过高的问题。

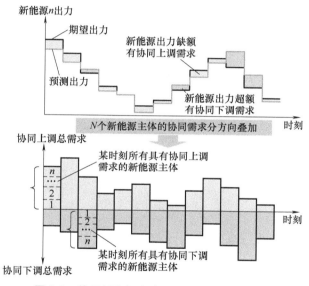

图 2-3　基于新能源发电偏差的协同需求形成

综上，协同市场的价格形成既要满足协同调节机组成本回收的基础诉求与开拓新增稳定收益的发展诉求，还要保证新能源为规避偏差风险支付的成本合理化，因此本研究报告提出协同"基础价+调节价"的价格模式，并根据协同主体申报的调节价格形成报价曲线，以满足新能源协同交易需求，如图 2-4 所示，从而实现对现有灵活交易功能的补充与加强。同时，考虑到新能源的主要诉求是减小出力偏差，因此新能源主体采用报量不报价的方式参与协同市场，而协同主体需要根据自身的调节能力进行量、价申报，而备用交易等作为新能源可规避风险的其他手段存在还能够保证协同调节报价以及备用等灵活交易价格的合理性。由于新能源申报协同需求的大小取决对未来出力偏差的预判，但在运行日实际交割时新能源出力也存在偏差较小或无偏差的可能，此时购买的协同能力未能实际调用，但常规机组此部分能力仍发挥了协同充裕的作用，且失去了参与其他交易的机会，此时对应着协同基础价以覆盖协同充裕成本与机会成本。

而当新能源主体购买了协同能力且产生偏差时，需要实际调用协同调节能力，这对应着协同调节价格，且申报协同上调价格时还要考虑到燃料成本，申报下调价格时则更要着重考虑因下调出让发电空间而造成的较大的机会成本，若购买的协同能力不足以完全平衡偏差，则还需要购买备用等灵活性交易或承担偏差费用。此外，协同调节能力同样应具有时间价值，当前净负荷曲线已从"鸭子曲线"变为更陡峭的"峡谷曲线"，在特殊时段对调节能力的需求量与对调节性能的要求都在提升，因此协同机组要针对不同调节方向、不同需求时段下的价值对协同调节价格进行差异化申报。

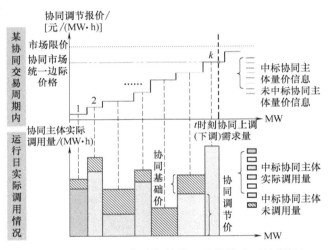

图 2-4 "基础价+调节价"的协同价格模式 （见彩插）

由于协同充裕成本现阶段主要针对的是固定成本回收困难的问题，而能够促进成本回收的容量补偿机制、容量市场等仍在探索，现阶段可通过协同基础价格作为常规机组增加系统协同充裕度的补偿标准，并促进固定成本低的回收，也是在容量市场尚未建立时对容量成本回收机制的一定补充。

3. 经营主体间协同交易的市场架构

经营主体间协同交易作为中长期尺度下的灵活性交易品种，可通过多种方式进行交易，本书主要考虑双边协商交易和集中交易方式，且对于已达成协商的交易主体之间还可进行协同转让交易。首先，新能源主体需根据自身出力偏差预测进行协同需求量申报，与协同机组通过双边协商交易确定协同调节价格；其次，随着新能源渗透率增加，火电等协同机组平均发电小时数和出力水平下降以进行系统灵活性调节，电力运营机构以此为依据预测系统协同需求总量，若双边交易中协同达成量不足运营机构预测，则在双边交易之外再进行集中交易达成协同量购买；再次，协同交易供需主体将量、价信息上报至运营机构并由运营机构组织交易出清，确定协同市场的中标量、价。达成交易的主体将交易结果上报至运营机构进行安全校核，校核通过后的结果可作为该主体的结算依据，组织流程如图 2-5 所示。

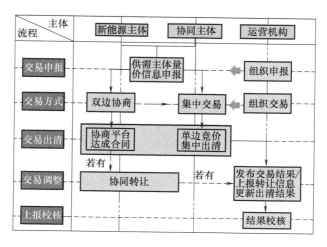

图 2-5 经营主体间协同交易下的组织流程

结算方式以月度协同调节交易为例，在上月中下旬交易达成后至下月中下旬交易开始前的月度全时间周期内：①对双边协商中达成交易的协同资源按交易成交价顺序依次调用相应的协同调节能力，参与调用的协同能力按双边协商协同调节价格，日清月结的方式由电网公司代为结算，未参与调用的协同交易量由协同基础价进行统一补偿；②若双边协商协同交易量未能满足系统协同需求，则开展协同集中交易并依照协同主体调节价格，以日清月结的方式由电网公司代为结算；③若交易达成后，经营主体又进行了协同转让交易，则以相应方式下形成的转让价格，按照日清月结的方式由电网公司代为结算。此外，考虑到达成交易后的协同主体也可能存在未按交易结果执行进而导致在已协同保障范围内的偏差受到了市场考核，则此时应由协同组合整体支付相关费用，具体的责任划分需根据交易计量结果确定。

综上，结合上述设计思路与本节的交易组织流程形成较为完整的市场架构，如图 2-6 所示。

经营主体间协同交易市场架构			
交易标的	协同调节能力		
交易主体	供		需
	常规电源、储能等协同资源		发电侧主体(尤其是新能源)
交易方式	双边协商		集中竞价
	月度	交易双方可对同一时段协同能力及协同价格协商,并签订双边协商合约	月度	采用协同主体报量报价、新能源报量报价的方式进行集中竞价
	周度		周度	
			多日	
价格形成	协同机组补偿量		协同市场中标量
	根据机组机会成本确定协同基础价格		根据系统协同需求确定协同调节价格
结算方式	按照日清月结的方式由电网公司代为结算		
考核方式	由于协同主体未按交易结果执行导致新能源未能得到协同保障造成的偏差费用根据组合内主体各自计量结果确定考核主体责任		

图 2-6 基于交易功能需求导向的经营主体间协同交易市场架构

2.4 基于多时序电能量市场框架的多标协同交易模型

2.4.1 协同交易市场双边协商交易模型

在进行协同交易双边协商设计时,主要考虑鲁宾斯坦博弈原理,此外,为确定双方最终达成双边协议的价格最佳,本节设置贴现因子 δ 作为衡量协同交易双方谈判能力的指标,双方在谈判过程中的让步程度越大,这个指标就越高,受出价轮次、目标价格和交易裕度等因素影响。

在讨价还价过程中,协同资源供给方第一次出价是后续历次出价中的最高价,每次出价呈递减趋势,直至其出价下限,故可设计协同机组 k 的出价函数如下:

$$\begin{cases} L_{k,f} = L_{k\max}, f = 1 \\ L_{k,f} = L_{k,f-1} - \delta_k(L_{k,f-1} - L_{k\min}), f > 1 \end{cases} \tag{2-2}$$

$$\delta_k = \left(\frac{f}{f_{\max}}\right)^{k_k\left(\frac{(s-1)+L_{k\max}}{L_{k,f-1}}\right)} \tag{2-3}$$

式中,$L_{k\max}$ 为协同机组 k 的出价上限;$L_{k\min}$ 为出价下限;f 为出价轮次;$L_{k,f}$ 为协同机组 k 第 f 轮的出价;$L_{k,f-1}$ 为协同机组 k 第 $f-1$ 轮的出价;δ_k 为协同机组 k 的贴现因子;$f_{\max}$ 为最大出价轮次;k_k 为贴现因子的调节系数;s 为交易裕度。

协同机组 k 的售电收益的函数 $U_{k,f}$ 如下:

$$\begin{cases} U_{k,f} = Q_{k,f}^{sbe} \times L_{k\max} , f=1 \\ U_{k,f} = Q_{k,f}^{sbe} \times [L_{k,f-1} - \delta_k (L_{k,f-1} - L_{k\min})] , f>1 \end{cases} \tag{2-4}$$

式中，$Q_{k,f}^{sbe}$ 为协同机组 k 在第 f 轮中售出的协同资源量。

同理，购买协同资源的新能源机组第一次出价最低，后续出价呈递增趋势，新能源机组 n 的出价函数如下：

$$\begin{cases} R_{n,f} = R_{n\min} , f=1 \\ R_{n,f} = R_{n,f-1} + \delta_n (R_{n\max} - R_{n,f-1}) , f>1 \end{cases} \tag{2-5}$$

$$\delta_n = \left(\frac{f}{f_{\max}}\right)^{k_n \left(\frac{(s-1)+R_{n,f-1}}{R_{n\min}}\right)} \tag{2-6}$$

式中，$R_{n\min}$ 为新能源机组 n 的出价下限；$R_{n\max}$ 为出价上限；$R_{n,f}$ 为新能源机组 n 第 f 轮的出价；$R_{n,f-1}$ 为新能源机组 n 第 $f-1$ 轮的出价；δ_n 为新能源机组 n 的贴现因子；k_n 为贴现因子的调节系数。

新能源机组 n 的购电成本的函数 $G_{n,f}$ 如下：

$$\begin{cases} G_{n,f} = Q_{n,f}^{sbn} \times R_{n\min} , f=1 \\ G_{n,f} = Q_{n,f}^{sbn} \times [R_{n,f-1} + \delta_n (R_{n\max} - R_{n,f-1})] , f>1 \end{cases} \tag{2-7}$$

式中，$Q_{n,f}^{sbn}$ 为新能源机组 n 在第 f 轮中购买的协同资源量。

2.4.2 协同交易市场集中交易模型

任一协同集中交易周期 T 内进行集中竞价，以协同主体的发电成本 F_{con} 最小化为目标，相应计算公式如下：

$$\min F_{con} = \min\left\{ \sum_{t=1}^{T} \sum_{k=1}^{K} C_{k,t}^{ela+} E_{k,t}^{ela+} + \sum_{t=1}^{T} \sum_{k=1}^{K} C_{k,t}^{ela-} E_{k,t}^{ela-} \right\} \tag{2-8}$$

式中，$E_{k,t}^{ela+}$ 是协同主体 k 在时刻 t 中标的协同上调能力；$E_{k,t}^{ela-}$ 是协同主体 k 在时刻 t 中标的协同下调能力，其对应协同成本分别为 $C_{k,t}^{ela+}$、$C_{k,t}^{ela-}$。

新能源主体申报约束为

$$\begin{cases} E_{n,t}^{new+} = Q_{n,t}^{sum+} - Q_{n,t}^{sdn+} \\ E_{n,t}^{new-} = Q_{n,t}^{sum-} - Q_{n,t}^{sdn-} \end{cases} \tag{2-9}$$

式中，$E_{n,t}^{new+}$ 和 $E_{n,t}^{new-}$ 分别为新能源主体 n 在时刻 t 申报的协同上调量及协同下调量；$Q_{n,t}^{sum+}$ 和 $Q_{n,t}^{sum-}$ 是运营机构预测系统总协同上调及下调需求量；$Q_{n,t}^{sdn+}$ 和 $Q_{n,t}^{sdn-}$ 是新能源主体在协同交易市场双边协商中达成的协同上调及下调交易量。

协同调节量供需平衡约束为

$$\begin{cases} \displaystyle\sum_{k=1}^{K} E_{k,t}^{\mathrm{ela}+} = \sum_{n=1}^{N} E_{n,t}^{\mathrm{new}+} : \left[\lambda_t^{\mathrm{E}+}\right] \\[3mm] \displaystyle\sum_{k=1}^{K} E_{k,t}^{\mathrm{ela}-} = \sum_{n=1}^{N} E_{n,t}^{\mathrm{new}-} : \left[\lambda_t^{\mathrm{E}-}\right] \end{cases} \tag{2-10}$$

式中，$\lambda_t^{\mathrm{E}+}$ 及 $\lambda_t^{\mathrm{E}-}$ 是相应约束下的影子价格。

协同主体出力约束为

$$\begin{cases} E_{k,t}^{\mathrm{ela}+} \leqslant \overline{E^+} : \overline{\varepsilon}_{k,t}^{\,+} \\[2mm] E_{k,t}^{\mathrm{ela}+} \geqslant \underline{E^+} : \underline{\varepsilon}_{k,t}^{\,+} \end{cases} \tag{2-11}$$

$$\begin{cases} E_{k,t}^{\mathrm{ela}-} \leqslant \overline{E^-} : \overline{\varepsilon}_{k,t}^{\,-} \\[2mm] E_{k,t}^{\mathrm{ela}-} \geqslant \underline{E^-} : \underline{\varepsilon}_{k,t}^{\,-} \end{cases} \tag{2-12}$$

式中，$\overline{E^+}$、$\underline{E^+}$ 分别为协同主体最大和最小上调能力；$\overline{E^-}$、$\underline{E^-}$ 为协同主体最大和最小下调能力；$\overline{\varepsilon}_{k,t}^{\,+}$、$\underline{\varepsilon}_{k,t}^{\,+}$、$\overline{\varepsilon}_{k,t}^{\,-}$ 和 $\underline{\varepsilon}_{k,t}^{\,-}$ 为相应约束的影子价格。

协同主体爬坡约束为

$$\begin{cases} E_{k,t+1}^{\mathrm{ela}+} - E_{k,t}^{\mathrm{ela}+} \leqslant \Delta b_k^+ : \overline{\upsilon}_{k,t}^{\,+} \\[2mm] E_{k,t}^{\mathrm{ela}+} - E_{k,t+1}^{\mathrm{ela}+} \geqslant -\Delta b_k^+ : \underline{\upsilon}_{k,t}^{\,+} \end{cases} \tag{2-13}$$

$$\begin{cases} E_{k,t+1}^{\mathrm{ela}-} - E_{k,t}^{\mathrm{ela}-} \leqslant \Delta b_k^- : \overline{\upsilon}_{k,t}^{\,-} \\[2mm] E_{k,t}^{\mathrm{ela}-} - E_{k,t+1}^{\mathrm{ela}-} \geqslant -\Delta b_k^- : \underline{\upsilon}_{k,t}^{\,-} \end{cases} \tag{2-14}$$

式中，$\overline{\upsilon}_{k,t}^{\,+}$、$\underline{\upsilon}_{k,t}^{\,+}$、$\overline{\upsilon}_{k,t}^{\,-}$ 和 $\underline{\upsilon}_{k,t}^{\,-}$ 为相应约束的影子价格。

线路潮流约束为

$$\begin{cases} E_{l,t}^{+} \leqslant \overline{E}_{l,t}^{+} : \overline{\eta}_{k,t}^{\,+} \\[2mm] E_{l,t}^{+} \leqslant \underline{E}_{l,t}^{+} : \underline{\eta}_{k,t}^{\,+} \end{cases} \tag{2-15}$$

$$\begin{cases} E_{l,t}^{-} \leqslant \overline{E}_{l,t}^{-} : \overline{\eta}_{k,t}^{\,-} \\[2mm] E_{l,t}^{-} \leqslant \underline{E}_{l,t}^{-} : \underline{\eta}_{k,t}^{\,-} \end{cases} \tag{2-16}$$

式中，$E_{l,t}^{+}$、$E_{l,t}^{-}$ 分别表示线路 l 的潮流功率；$\overline{E}_{l,t}^{+}$、$\overline{E}_{l,t}^{-}$ 和 $\underline{E}_{l,t}^{+}$、$\underline{E}_{l,t}^{-}$ 分别为线路 l

的潮流上、下限；$\overline{\eta}_{k,t}^{+}$、$\underline{\eta}_{k,t}^{+}$、$\overline{\eta}_{k,t}^{-}$ 和 $\underline{\eta}_{k,t}^{-}$ 相应约束的影子价格。

2.5 算例分析

2.5.1 算例设置

采取某省新能源发电数据进行算例分析，可以计算出不同时刻运营机构预测系统协同总需求量，见表2-3。

表 2-3 运营机构预测系统协同总需求量

时间/h	1	2	3	4	5	6	7	8
协同总量/MW	0	0	0	0	0	611.24	1282.3	2342.26
时间/h	9	10	11	12	13	14	15	16
协同总量/MW	2297.28	1658.37	3355.2	5147.06	5329.8	4112.46	3221.85	3221.85
时间/h	17	18	19	20	21	22	23	24
协同总量/MW	2830.66	2675.71	3239.39	4606.71	3600.61	1532.78	2830.66	2675.71

此外，基于历史数据预测得到进行协同市场双边协商时新能源预测出力偏差，并以此为依据进行双边协商交易，得到机组双边协同交易量，如图2-7所示。

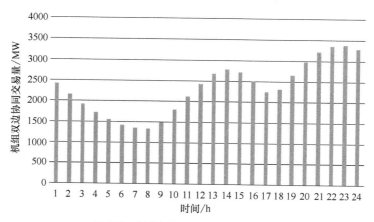

图 2-7 新能源机组双边协同交易量

2.5.2 多主体协同交易结果

以协同机组 k 与新能源机组 n 为例进行基于鲁宾斯坦博弈的协同市场双边协商交易，具体交易过程如图 2-8 所示。从图 2-8 中可知，协同机组 k 与新能源机组 n 在第九轮达成协议，协定协同调节价为 208.84 元/（MW·h）（作为算例验证的系统协同调节价格），此外，设置协同基础价为 100 元/（MW·h）。双边协同交易结果见表 2-4，根据计算结果，在"基础价+调节价"的价格模式下双边协同交易成交总价格约为 10261017 元，相比于统一价格机制下 11660510 元的交易结果，可以使新能源机组协同成本下降约 12%，实现高偏差新能源成本合理化的同时促进新能源积极提升预测能力。

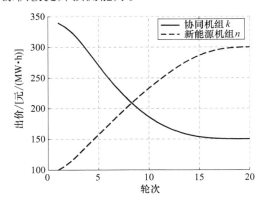

图 2-8 协同机组 k 与新能源机组 n 双边协同交易过程

表 2-4 双边协同交易结果

时间/h	1	2	3	4	5	6	7	8
协同成交量/MW	2417.14	2163.42	1927.55	1725.49	1560.10	1422.92	1349.92	1332.17
协同调节量/MW	0	0	0	0	0	611.24	1282.30	1332.17
协同机组收益/元	241714	216342	192755	172549	156010	208819	274558	278210
时间/h	9	10	11	12	13	14	15	16
协同成交量/MW	1482.73	1795.62	2119.93	2432.53	2676.34	2786.30	2713.48	2502.20
协同调节量/MW	1482.73	1658.37	2119.93	2432.53	2676.34	2786.30	2713.48	2502.20
协同机组收益/元	309653	360059	442726	508010	558927	581890	566684	522559
时间/h	17	18	19	20	21	22	23	24
协同成交量/MW	2247.49	2314.41	2653.70	2971.30	3224.02	3352.10	3378.60	3285.19
协同调节量/MW	2247.49	2314.41	2653.70	2675.71	3224.02	3352.10	3378.60	1532.78
协同机组收益/元	469366	483342	554198	588354	673304	700053	705587	495347

当双边协商市场难以满足系统协同需求时，运营机构举办协同集中交易市场，交易结果如图 2-9 所示。可以看出，在不同时刻协同需求量和价格差别较大，这体现了新能源的波动性，见表 2-5。

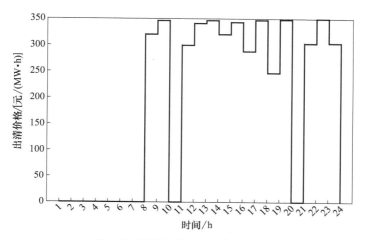

图 2-9　协同市场集中交易结果图

表 2-5　不同新能源渗透率下协同市场集中交易收益表

时间/h	1	2	3	4	5	6	7	8
协同交易量/MW	0	0	0	0	0	0	0	1010.09
协同机组收益/元	0	0	0	0	0	0	0	323380
时间/h	9	10	11	12	13	14	15	16
协同交易量/MW	814.55	0	1235.27	2714.53	2653.46	1326.17	508.37	719.65
协同机组收益/元	281769	0	370482	924731	918919	459265	162805	246811
时间/h	17	18	19	20	21	22	23	24
协同交易量/MW	1968.38	1654.44	176.96	0	15.37	1254.61	222.01	0
协同机组收益/元	683185	408762	61582	0	4666	438937	67540	0

2.5.3　协同交易多功能需求完成情况分析

1）假设在供需紧张时期，电力现货价格某时刻达上限价格 1500 元/（MW·h），则新能源少发电量将以此价格承受偏差考核，而通过协同交易的新能源机组调节性成本明显降低，见表 2-6。因此，通过设置协同交易品种，可有效降低新能源不可避免的价格风险。

表 2-6　新能源机组调节性成本对比

偏差电量/MW	偏差价格/[元/(MW·h)]	新能源成本/元
2342.26	1500	3513390
	208.84/320.15	601591

2）随着新能源发电比例不断增大，火电机组逐渐向灵活调节型电源转型，机组出力不断减小，协同机组面临成本回收困境。从表 2-7 可以看出，协同机组原本减少的出力量收益为零，而通过协同交易可以提供机组收益、实现部分成本回收，即使未调用的协同量，也有基础价格的补偿。因此，通过设置协同交易品种，可为协同机组提供成本回收新途径。

表 2-7　协同机组收益对比

出力减少量/MW	双边协商交易收益/元	集中交易收益/元
2342.26	278210	323381

3）设 $\Omega_{n,t}$ 是新能源主体的品质系数，则 $\Omega_{n,t}$ 越小，代表新能源出力偏差越大，所需购买协同量越多，见表 2-8。因此，通过设置协同交易品种，可有效实现新能源品质的差异化度量，推动新能源机组技术进步。

表 2-8　不同品质新能源机组购买协同价格对比

品质系数 $\Omega_{n,t}$	协同购买量/MW	协同购买价格/元
0.9		114886
0.85	611.24	108504
0.7		89355

4）随着新能源渗透率提升，系统灵活性需求越高，系统调节成本不断上升。如图 2-10 所示，设置有、无协同交易两个场景，且电力现货价格为

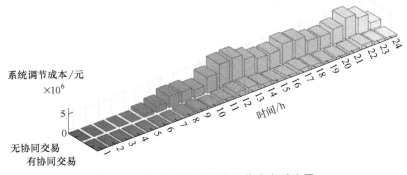

图 2-10　不同场景下系统调节成本对比图

1200元/（MW·h），可以看出设置协同交易后，系统灵活调节费用可以实现下降。因此，通过设置协同交易品种，可以实现调节成本可控性下降，有效推动火电机组向灵活性资源转变，提升系统灵活调节能力。

2.6　本章小结

随着新能源的迅猛增长，推动新能源规模化入市是当前面临的重要课题。然而，新能源出力随机的固有特征与现有市场机制间存在一定冲突，导致新能源主体参与市场的交易能力不足、面临多重交易风险，而电源主体的易位也对常规电源发展与系统运行能力提出了新的挑战。本章基于对新能源背景下发电侧竞争的多功能诉求分析，创新性地提出了基于多功能导向的经营主体间协同交易设计，有效防范经营主体市场运营风险。研究结果表明：

1）进行多主体协同交易可以在供需紧张的极端情况下，帮助新能源机组降低偏差结算费用，提前规避市场化的价格风险。同时，新能源根据自身需求购买协同所需量，可量化新能源品质差异以推动其技术发展。

2）通过对比有、无协同调节互济交易在不同新能源渗透率下的系统调节性成本发现，该交易可以降低由于新能源占比增大而引起的系统调节性总成本。

3）对于因新能源占比增大而减少出力的常规火电机组，通过参与协同交易，可在出力减少时获得协同调节收入，实现成本市场化回收。

参 考 文 献

［1］　刘畅，李德鑫，张磊，等. 含大规模新能源的新型电力市场交易机制研究［J］. 吉林电力，2022，50（3）：1-4.

［2］　刘秋华，张正延，姜亚熙，等. 平衡单元模式下德国电力电量平衡机制探讨及启示［J］. 电力需求侧管理，2024，26（4）：113-118.

［3］　陈宋宋，董家伟，王舒杨，等. 德国电力平衡单元机制及其启示［J］. 电网技术，2024，48（10）：4157-4167.

［4］　张粒子，陈皓轩，黄弦超，等. 欧洲电力平衡市场机制设计逻辑及对我国碳中和目标下辅助服务市场发展规划的启示［J］. 中国电机工程学报，2023，43（S1）：14-30.

［5］　刘秋华，姜亚熙，张正延，等. 德国与英国电力市场平衡机制对比分析及启示［J］. 电力系统自动化，2024，48（14）：8-15.

［6］　SUN R J，LI T R，DING J，et al. Operating elements of UK electricity contract market and its enlightenment to China [J]. Journal of Physics: Conference Series, 2019, 1346 (1): 012008.

[7] 焦红, 陈红, 张帅. 碳中和背景下我国能源电力系统转型策略研究——兼析典型国家电力转型的主要经验做法 [J]. 价格理论与实践, 2021 (12): 50-53.

[8] 蔡妙妆. 新能源参与电力现货市场分析 [J]. 大众用电, 2024, 39 (2): 20-21.

[9] 黄婧杰, 欧阳顺, 冷婷, 等. 含偏差风险规避的新能源和储能协同参与市场策略 [J]. 电力自动化设备, 2023, 43 (2): 36-43.

[10] 孙大雁, 史新红, 冯树海, 等. 全国统一电力市场环境下的电力辅助服务市场体系设计 [J]. 电力系统自动化, 2024, 48 (4): 13-24.

[11] 宋航, 刘友波, 刘俊勇, 等. 考虑用户侧分布式储能交互的售电公司智能化动态定价 [J]. 中国电机工程学报, 2020, 40 (24): 7959-7972+8233.

[12] 顾光荣, 杨鹏, 汤波, 等. 源-荷-储协同优化的配电网平衡能力提升方法 [J]. 中国电机工程学报, 2024, 44 (13): 5097-5109.

[13] 杜维柱, 白恺, 李海波, 等. 兼顾保供电/消纳的源荷储灵活性资源优化规划 [J]. 电力建设, 2023, 44 (9): 13-23.

[14] 付黎苏, 王宁, 王春虎, 等. 黑龙江电力现货市场建设建议及结算机制设计 [J]. 电力自动化设备, 2023, 43 (5): 15-22.

[15] 张粒子, 许传龙, 贺元康, 等. 兼容中长期实物合同的日前市场出清模型 [J]. 电力系统自动化, 2021, 45 (6): 16-25.

[16] 谢开, 刘敦楠, 李竹, 等. 适应新型电力系统的多维协同电力市场体系 [J]. 电力系统自动化, 2024, 48 (4): 2-12.

[17] 陈皓勇. "双碳" 目标下的电能价值分析与市场机制设计 [J]. 发电技术, 2021, 42 (2): 141-150.

[18] 张振宇, 王文倬, 马晓伟, 等. 基于风险控制的新能源纳入电力系统备用方法 [J]. 电网技术, 2020, 44 (9): 3375-3382.

[19] 沈运帷, 徐凯, 林顺富, 等. 考虑广义储能参与的多园区综合能源系统低碳优化运行策略 [J/OL]. 电力自动化设备, 2024: 1-17.

[20] Calero I, Canizares C A, Bhattacharya K, et al. Duck-curve mitigation in power grids with high penetration of PV generation [J]. IEEE transactions on smart grid, 2021, 13 (1): 314-329.

[21] 谢青洋, 应黎明, 祝勇刚. 基于经济机制设计理论的电力市场竞争机制设计 [J]. 中国电机工程学报, 2014 (10): 1709-1716.

保障电力现货市场稳定运营的自适应限价机制

电力现货市场是新型电力系统建设的关键部分，通过发现合理的价格信号引导电力资源优化配置，促进安全保供并实现更灵活的市场化调整机制。随着我国提出"到 2030 年，新能源要全面参与电力市场"的目标，电力现货建设范围不断扩大。然而，高比例新能源会影响系统供需平衡，电力现货价格将呈现更复杂的变化，经营主体将面临更严峻的市场风险环境。目前，我国各省电力现货市场运行初期常采取偏保守的固定限价区间以稳固市场运行平稳度；相比而言，国外许多电力市场的限价区间较为宽松，可有效激励常规机组顶峰发电，鼓励新能源入市，但在中国当前市场成熟度下，可能造成用户无法承受等问题，威胁电网正常运行。故我国电力现货市场无法效仿部分国家完全放开价格限值，而限价标准过于扁平化又将造成价格信号失真，常规机组发电成本回收困难等问题。因此，改进电力现货市场限价方式，对保障电力现货市场稳定运营具有重要意义[1]。

本章将首先调研国内外电力现货市场限价情况，发现我国大多地区采用扁平化固定限价区间。接下来，针对扁平化固定限价方式的优、劣进行分析，明确其更迭的必要性，然后基于上述分析提出计及多因子影响层的电力现货市场限价自适模型。最后，结合某省数据进行算例分析。

3.1 国内外电力现货市场限价现状分析

3.1.1 国外稀缺定价下的电力现货限价标准

为更好地发挥电力现货市场功能和价格信号引导资源配置的作用，国外成熟电力市场的价格上限常参考电力失负荷价值而设置得较高，且不设价格下限以体现真实供需情况[2]，见表 3-1。美国大多数电力市场采用 1 美元/（kW·h）的报价上限和 2 美元/（kW·h）的出清上限，欧洲电力市场大多采用 3 欧元/（kW·h）

的报价上限和9.999欧元/（kW·h）的出清上限，而美国得州和澳大利亚电力市场的报价上限奇高，这主要是由于两地均未开设容量市场，通过稀缺定价机制设置较高的价格帽来解决发电机组固定成本回收问题[3]。但是稀缺定价机制仅能反映短时供需关系，会产生较大电价波动和极端高价，仅适用于社会对高电价风险承受能力强的地区。

表 3-1　国外典型电力现货市场限价情况

国家或地区		现行限价措施	
		报价上限	出清上限
美国	美国 PJM 电力市场	1 美元/（kW·h）	2 美元/（kW·h）
	美国纽约州电力市场 NYISO	1 美元/（kW·h）	2 美元/（kW·h）
	美国加州电力市场 CAISO	1 美元/（kW·h）	2 美元/（kW·h）
	美国得州电力市场 ERCOT	9 美元/（kW·h）	
欧洲	欧洲电力交易所 EPEX	3 欧元/（kW·h）	9.999 欧元/（kW·h）
	北欧电力交易所 NordPool	3 欧元/（kW·h）	9.999 欧元/（kW·h）
澳大利亚	澳大利亚电力市场 NEM	15 澳元/（kW·h）	

除此之外，在垄断性公共事业行业，如电力、天然气、电信等，美国的投资回报率价格管制模型（Rate of Return，ROR）和英国的最高限价管制模型（Retail Price Index，RPI-X）是目前主要的两种典型价格上限设置方法。在电力行业，特别是在政府拥有垄断权利的电力市场中，可以用于规范价格水平，保证合理的分配和利润率，维护经营主体利益[4-5]。

3.1.2　国内主流的固定限值电力现货限价标准

2023 年 9 月，国家能源局印发《电力现货市场基本规则》[6]，从国家层面对市场限价设置提出要求，明确指出电力现货市场应设定报价限价和出清限价，报价限价不应超过出清限价范围，除正常交易的市场限价之外，当市场价格处于价格限值的连续时间超过一定时长后，可设置并执行二级价格限值。2023 年 11 月，又印发《关于进一步加快电力现货市场建设工作的通知》[7]，提出"各地现货市场出清价格上限设置应满足鼓励调节电源顶峰需要并与需求侧响应价格相衔接，价格下限设置可参考当地新能源平均变动成本"，市场上下限呈扩大趋势，将发电侧顶峰成本以及用户侧用电意愿有机结合，同时为负电价的出现提供了政策依据。随着电力现货市场建设不断深入，不同试点依据省内实际情况及电力市场基础对电力现货限价方案做出不同规定，见表 3-2。

表 3-2　我国电力现货市场限价规定执行现况

地区	现行限价措施	
	规定	限价区间/[元/(kW·h)]
山西	固定限价标准	申报与出清区间:0~1.5
山东		申报区间:-0.08~1.3; 出清区间:-0.1~1.5
甘肃		申报与结算区间:0.04~0.65
蒙西		申报区间:0~1.5; 出清区间:0~5.18
河南		申报区间:0.05~1.2

由表 3-2 可知，在电力现货市场初期，市场机制有待完善，各试点常采取固定限价标准。不同地区限价区间差异较大，目前我国根据发电机组的会计成本常设置 1.5 元/(kW·h) 的价格上限和 0.0 元/(kW·h) 的价格下限，典型省份如山西；在新能源入市占比较大地区，如甘肃，则采取进一步缩小限价区间以减小价格波动空间，保障电力现货市场初期运行平稳。尽管大多数地区仍采用固定限价区间，但少数地区限价标准已不同程度地做出了新的尝试。

1. 蒙西

就电力现货市场限价上限来说，蒙西结合地区实际情况，率先大幅度放开出清价格上限至 5.18 元/(kW·h)，是山西、甘肃的 3~8 倍。提高价格上限是放开了电力现货价格波动空间和机组获利空间，使得电力现货价格更趋近真实供需情况，允许负荷尖峰时刻可能出现的极端高价存在，拉大了峰谷价差，有效激励发电机组顶峰供电的发电积极性，调动市场活力[8]。值得注意的是，蒙西对于发电侧经营主体申报价格上限仍为 1.5 元/(kW·h)，按照电力现货市场边际出清的原理，即使大幅度提高了出清限价，也不会出现长时间极端高价扰乱市场秩序的情况。通过对蒙西 2023 年试运行期间的价格分析也可以看出，发电侧最高出清价格达 1.71 元/(kW·h)，5.18 元/(kW·h) 的价格上限并未在出清过程中出现，电力现货价格较为稳定。

2. 山东

对于电力现货市场价格下限，我国多数省份常常为电力现货市场设置零价作为"地板价"，避免出现电价降至零后继续下降至负价。然而，2023 年山东省规定市场电能量申报价格上限为 1.3 元/(kW·h)，下限为-0.08 元/(kW·h)；市场电能量出清价格上限为 1.5 元/(kW·h)，下限为-0.1 元/(kW·h)，自此，负电价成为山东电力现货市场规则允许存在的市场现象。

山东省新能源装机占比，尤其是光伏占比较高，对电力现货价格影响较大，光伏大发时刻将大幅度拉低电力现货市场出清价格，极端时将出现负电价情况。发电商常常以负电价来优先出清获得发电空间，加之新能源机组的补贴、绿电等场外收益，进一步激励市场参与方推动电力系统向更清洁、成本更低的资源过渡。但是，过低的负电价会过度激励，扰乱市场的正常竞价秩序，损害社会福利[9]。在目前电力现货市场还不够广泛深入的情况下，负电价的产生会使经营主体产生恐慌，在一定程度上制约经营主体的入市积极性。如果负电价的持续时间过长或频繁出现，也会使得固定成本占比较大的常规机组收益下滑，影响其发电积极性和系统灵活性等。

3.2 扁平化固定限价模式的局限性分析

3.2.1 扁平化固定限价的阶段可行性

1. 防范寡头垄断下发电侧市场力行为

受电力行业历史遗留和产业结构的影响，在我国大多数省份，通常少数几个发电集团会占据绝大多数的发电装机，形成发电企业寡头垄断的局面，发电侧易发生操纵价格、控制交易规模等市场力行为，甚至有部分发电企业出现了"价格联盟"（卡特尔）现象，发电企业通过横向合作限制彼此竞争，进一步加剧了对价格的控制能力。例如，2000 年加利福尼亚州电力危机事件就是因为在电力市场中缺乏价格帽限制，当负荷尖峰时期与新能源少发期重叠时，对火电出力需求剧增，使得电力供应商有机会以高价销售电力，利用供电紧张、高峰期和天气因素等因素，人为操纵和提高电价实现巨额利润[10-11]，导致用户及新能源主体难以承担高价弥补电力缺口，挑战电力系统安全稳定运行。

同时，发电侧寡头垄断会削弱价格信号的真实性，阻碍价格对资源高效配置的引导作用，与建立价格随供需变化的电力现货市场的目的背道而驰。一些欧洲国家的电力市场在引入市场竞争后，出现了几家大型电力公司在该地区形成的寡头垄断局面，例如在法国电力市场中的国营电力公司 EDF 拥有很大比例的发电能力，较高的市场集中度常造成真实电力价格偏高。因此，在寡头垄断下，为了抑制发电侧市场力、形成真实的价格信号，保证电力系统安全稳定运行，研究合理、灵活的限价方式十分必要。

2. 合理抬升限价水平以拓宽火电收益

目前，我国处于电力市场建设和能源转型的"双期叠加"阶段，随着不可控的新能源装机比例越来越高，常规机组将逐渐转变为电力系统重要的灵活支撑电源[12-13]。当电力现货价格上涨时，火电机组需快速启机或将出力提升至较高水平，多发电以提高利润的同时顶峰发电保障电力正常供应；反之，在电力现货低价时，火电机组又需停机或迅速将出力降至较低水平，避免在低电价时段造成亏损。加之近年来燃料成本高企，火电利用小时数呈下滑趋势，保障性收益缩减，若限价过低则会进一步压缩火电机组收益空间，导致常规机组可能面临成本回收的困境，发电积极性低。

因此，设置符合经营主体利益需求、促进良性竞争空间的价格限值十分必要。一方面，设置价格下限可以通过底线价格保障常规机组的收益，保证电力系统稳定运行；另一方面，电价长时间过低会过度激励，无法充分引导不同类资源形成协同激励作用，扰乱市场正常竞价秩序，且长期过低负价还会损害社会福利。

3. 削弱价格波动风险以激励新能源入市

随着新能源战略部署规模不断扩大，入市交易成为必然趋势。但由于其出力的波动性和难预测性，导致电力市场价格不稳定因素增多，现货价格会受到较为深刻的影响，即新能源发电量较大的时间段现货价格常常为地板价，新能源小发时现货往往为高价[14]。由于价格的波动对市场中各主体的利益及交易意愿都将产生较大影响，需要考虑用户的承受能力和发电主体收益。因此，为避免极端电价出现，不同地区限价应立足于实际情况进行分析，设置限价将价格控制在合理范围内。

（1）电网特性差异与新能源波动影响的物理关联　受地理位置、电力市场特点等因素的影响，各省份新能源参与市场情况存在差异。从表3-3中可以看出，广东、山东和河南是典型的受端电网、本省电力需求显著高于供应水平，结合新能源装机占比与最新预期消纳权重，电力需求空间基本可满足本省新能源消纳需求，且目前参与电力现货市场交易比例较小，现货价格受其波动影响小，价格相对平稳。然而，与受端电网相比，通常送端电网所处地区新能源更加丰富，现货价格所受影响更大。因此，综合不同阶段的新能源发展情况以及地理因素来设置不同的限价标准，可以避免限价区间太小影响价格信号发挥引导作用，或因限价区间太大造成价格波动风险增大。

表 3-3　国内电力现货试点地区新能源发展概况

地区	电网格局	输入/外送 电量占比	新能源 装机占比	2023 年新能源电力 消纳责任权重要求	2023 年电力 消费总量
广东	受端电网	23%	14.8%	29.6%	8502 亿 kW·h
山东		16%	42%	17.1%	7833 亿 kW·h
河南		15%	42.7%	26.9%	4090 亿 kW·h
山西	送端电网	35%	40.25%	22.5%	约 2885 亿 kW·h
蒙西		41%(内蒙 古全区)	39.81%	23.0%	约 4823 亿 kW·h (内蒙古全区)

（2）限价对缓解新能源入市风险的必要性　能源转型初期，为培植新能源发展沃土，采取全额保障性收购政策，以保量保价的方式实现新能源消纳、稳固新能源发展根基[15]。尽管顺应市场化变革目前已过渡至保量竞价的方式，却仍难以脱离保障补贴的政策扶持。我国新能源和可再生能源发电装机在 2023 年底突破 15 亿 kW，历史性超过火电装机，成为电力装机的主体，在全国发电总装机中的比重突破 50%，但同时也造成财政补贴压力剧增，新能源步入市场化交易是绿电可持续交易与资源高效灵活配置的最优趋势。在当前新能源缺乏风险规避手段的情况下，各省都在积极探索新能源合理参与市场交易的机制，见表 3-4。

表 3-4　国内电力现货试点地区新能源交易机制

地区	广东	山西	山东	甘肃	蒙西
新能源参与市场 交易方式	报量报价	报量不报价	报量报价	报量报价	报量报价
是否进行偏差 电量考核	暂不执行	是	是	是	是

由表 3-4 可知，目前大多数试点地区新能源报量报价参与电力现货市场，这是为了解决市场公平性问题。而新能源具有低成本价格优势，与火电同台竞争会优先获得发电权，随着占比不断提升对价格影响也会越来越大，故在当前对新能源把控不够成熟的条件下，限价在一定程度上能起到防范价格波动风险的作用。从表 3-4 中还可以看出，除广东由于新能源占比和入市比例都较小，暂不执行新能源偏差考核外，其余各省份普遍进行偏差电量考核。这是因为新能源参与市场竞争，在中长期带曲线交易的市场环境下，新能源分解电量更易产生偏差，偏差电量需要以现货价格进行考核。因此，为了保护发电侧，尤其

是新能源承担的价格波动风险，在当前的电力现货市场建设发展阶段，设置限价是具有必要性的。

3.2.2　静态限价模式更迭的长期必要性

在目前我国适应新能源发电特性的市场机制尚未完善，为稳定市场秩序和保障系统运行，采取限价措施十分必要，但是固定区间限价方式在新能源不断入市的情况下难以发挥真正的价格信号作用，对电力中长期交易也会有一定打击。

1. 不利于发挥价格信号的引导作用

国内大多数试点区域通过采取固定标准作为电力现货市场价格上下限，不仅难以承接电力现货市场动态发展需求，还将削弱市场信号的引导作用、产生其他问题。具体来说，若现货固定限价区间范围设置较大，则电力市场容易面临较高的交易风险，例如，在新能源负偏差时，一般来说电力现货市场价格会升高很多，在限价区间大时新能源会用较高价格进行偏差考核结算，现货面临极端价格风险，无法较好地解决新能源规模化入市带来的价格波动问题，会对电力现货市场的平稳运行产生威胁。同时，较高的价格上限难以抑制发电侧市场力行为，发电主体可能通过"价格联盟"进行垄断，限制市场竞争，导致市场失去活力，使得其他经营主体利益受损的同时无法体现真实的价格信号。

另一方面，若限价区间设置过小则会限制电力现货价格的波动范围，使得现货价格无法真实地反映市场供需关系的变化，削弱充分发挥市场价格引导资源配置的作用，降低市场效率。此外，在燃料价格快速上涨时，电力现货市场由于价格波动受到限价约束不能够同步上涨，导致火电等机组成本难以回收，影响发电侧经营主体的积极性，不利于发挥价格信号的激励作用。

2. 不利于实现电力中长期与现货市场的价格协同

电力现货价格是电力中长期交易价格的重要参考，不合理的限价标准将导致中长期价格预测不准确。而电力中长期交易作为锁定收益、规避风险的压舱石，交易比例占绝对地位，对常规机组来说，也是重要的获益渠道，如果长期压制电力现货价格则会导致中长期价格不准确、偏低，打击发电侧主体参与电力中长期交易的积极性，较低的发电意愿难以发挥保障电力安全供应的作用，也不利于电力中长期交易发挥保障电力市场稳定运行的作用；反之，在新能源入市规模不断扩大的背景下，如果限价区间过大可能导致价格断层和大幅度价格冲击等问题，相应地影响中长期价格判断。

此外，随着新能源入市交易规模逐渐扩大，其出力波动性、难预测性等特点在中长期带曲线交易的市场环境下容易产生偏差电量，若电力现货与中长期市场价格不协同，则会导致极端考核价格出现的可能性增大，经营主体利益进一步受损。因此，对电力现货市场的价格波动不合理限制可能会损害电力中长期交易的有效性和市场的稳定性，不利于经营主体间的协同运行。

3.3 计及多因子影响层的电力现货市场限价自适模型设计

3.3.1 影响经营主体合理收益的强相关因子

本节将综合考虑与经营主体收益有强联动的影响因子，如一次能源价格变动指数、季节性负荷需求指数和新能源发电贡献率等，如图 3-1 所示。

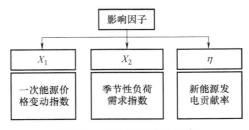

图 3-1 影响因子选取示意

1. 一次能源价格变动指数 X_1

一次能源价格的变动会对传统机组盈收产生显著影响，这是由于一次能源，如煤炭价格以市场化定价为主，受供需关系影响价格波动较大，而下游火电企业定价却受固定限价模式的高度管控，无法随意调整价格[16]。因此当煤炭价格高且供需紧张时期，价格上限较低将导致火电机组面临低收益、高成本的交易困境，这对当前仍然占据主体发电地位及日后充当灵活性电源的常规机组来说，发电积极性降低甚至会威胁电网稳定运行；反之，当煤炭价格低位时，价格上限过高使得发电企业可能会报高价来获取自身利益，以致损害其他经营主体利益且影响真实电力供需关系的呈现。我国煤炭价格曾于 2021 年 10 月达到顶峰，导致发电成本急剧增加，而电价却依旧受到国家发展改革委定价政策限制，导致了多家电厂亏损。综上，在一次能源价格较高且新能源小发时应提高限价上限、反之则降低价格上限，依据一次能源价格变动限价水平来保障火电机组收益和电网稳定运行。

2. 季节性负荷需求指数 X_2

在不同的季节负荷侧电力需求量常呈现出不同的规律[17]，例如，我国夏季大部分地区会出现长时间高温天气，相应月份空调负荷增大导致用电需求急剧上涨，同样冬季随着供暖负荷增大，供需形势普遍收紧。此时，电力现货市场若设置较低的限价水平，将违背价格信号对机组收益以及资源配置的指导作用。2021年 11~12 月，受一次能源价格持续高位运行以及冬季供暖间供需紧张影响，广东电力现货均价上涨至 0.68 元/(kW·h)，达到近年来峰值，较燃煤基准价上涨近五成，而 2020 年年底所达成的 2021 年中长期协议的电价低至 0.41 元/(kW·h) 就已经无法覆盖成本，电厂大面积亏损，此时若对电力现货市场进行严格限价则会进一步打击发电积极性，甚至造成"有电不发"的局面。因此，在负荷需求较高时适当升高限价标准，负荷需求较低时降低限价是提高主体参与市场积极性的有效方式。

3. 新能源发电贡献率 η

受自然环境影响，不同季节新能源出力差异性较大[18]。例如，甘肃省风电呈现春夏季节出力较大、秋冬季节出力较小的特点，光伏呈现春秋季出力较大、夏冬季较小的特点。由于新能源的低边际成本对电力现货价格的影响较大，新能源发电量较多时电力现货价格较低，新能源发电量较少时电力现货价格升高，因此，依据不同季节下新能源的出力水平占全年总出力的比例不同得到季节性新能源发电贡献率，在 η 较高时降低限价水平，在 η 较低时提高限价水平是适应新能源大规模参与电力现货市场的有效手段。

3.3.2　计及多因子影响层的电力现货市场限价自适模型

目前我国电力现货市场价格限制考虑到用户承受能力和新能源边际成本，一般设置固定限价区间，通过上述分析可知，为激励新能源入市的同时防范恶性竞争，这里将下限固定为基本价格下限 0 元/(kW·h) 不变，提出价格上限自适模型为

$$
\begin{cases}
P_{\max} = \mathrm{AC}_{t-1}(1+r)(1+\mathrm{ASS}_{p\text{-}f}-\eta)\varphi \\
\mathrm{ASS}_{p\text{-}f} = \sum W_i X_i
\end{cases}
\tag{3-1}
$$

式中，$P_{\max}$ 为本期价格上限自适模型的上限价格；AC_{t-1} 为上期度电燃料成本（中电联每周发布 1 次 CECI 价格，可根据度电燃料成本速算表查询度电燃料成本）；r 为度电成本利润率；$\mathrm{ASS}_{p\text{-}f}$ 为限价影响层关联项；φ 为电能质量系数；W_i 为各影

响因素的自适系数；X_i 为电力现货市场限价标准影响层的强相关因子。此外，本模型下影响因子 η 的自适系数已视为 -1，故在 $\text{ASS}_{\text{p-f}}$ 外进行单独列写。

本模型对传统的最高上限价格管制模型进行改进，兼顾发电侧与用户侧双方利益，并引入价格影响因子进行动态量化，打破扁平化固定限价方式。

1. 改进的最高上限价格管制模型

RPI-X 基于绩效直接管制价格，企业需在不超过给定的最高限价水平下，通过提高劳动生产率获取更多的利润，其模型为

$$P_t = P_{t-1} \times (1 + \text{RPI} - X) \tag{3-2}$$

式中，P_t 为管制者指定的当期价格水平；P_{t-1} 为上期的价格水平；RPI 为零售价格指数，代表通货膨胀；X 为效率因子，代表预期的技术进步率。

但 RPI-X 模型可能会使发电企业在最高价格水平限制的条件下降低电能质量，损害用户利益且无法明确体现发电企业的收益性原则，因此本研究报告又引入了 ROR，表达式为

$$R(p, q) = C + S(\text{RB}) \tag{3-3}$$

式中，R 为企业的收入函数，为电价 p 和发电量 q 的函数；C 为发电企业成本；S 为投资回报率，由国家能源政策确定；RB 为投资回报基数。

将式（3-3）进行整理为

$$P_{t-1} = \frac{R(p, q)}{q} = \frac{C_{t-1}}{q} + \frac{S(\text{RB})}{q} = \text{AC}_{t-1}(1 + r) \tag{3-4}$$

将式（3-4）代入式（3-2）中可得改进的最高上限价格管制模型表达式为

$$P_t = \text{AC}_{t-1}(1 + r)(1 + \text{RPI} - X) \tag{3-5}$$

2. 建立限价影响层关联项

（1）影响因子的引入 考虑 3.3.1 节中所提出的影响经营主体合理收益的强相关因子，在式（3-5）的基础上建立限价影响层关联项以应用于电力现货市场中，具体表达式为

$$\begin{cases} \text{ASS}_{\text{p-f}} = W_1 X_1 + W_2 X_2 \\[2mm] X_1 = \dfrac{E_e - E_b}{E_b} \times 100\% \\[2mm] X_2 = \dfrac{Q_e - Q_b}{Q_b} \times 100\% \\[2mm] \eta = \dfrac{P_e - P_b}{P_b} \times 100\% \end{cases} \tag{3-6}$$

式中，W_1、W_2 为各影响因素的自适系数；E_e 为当前季节一次能源价格；E_b 全年一次能源平均价格；Q_e 为当前季节负荷需求量；Q_b 为全年系统负荷量平均值；P_e 为当前季节新能源出力水平；P_b 为新能源全年出力平均值。

（2）电能质量系数的确定　在制定模型时，从供电的安全可靠以及促进技术进步的角度来说，电能质量应作为模型中的考虑因素。目前电能质量的综合评估指标一般分为服务性和技术性指标，这里参考电能质量标准中规定的各项电能质量参数的限制值来设置，设定电能质量系数最大值为 1，则电能质量高时限价水平相应高于低电能质量情况，发电侧获利空间增大。可见，将纳入限价模型可有效促进发电侧提升电能质量的积极性，维护用户侧利益。

（3）自适系数的确立　本研究报告采用线性回归和最小二乘法确定自适系数 W_1 与 W_2，如图 3-2 所示，具有直观、高效性。

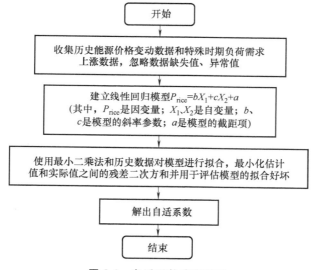

图 3-2　自适系数确定流程

3.4　算例分析

3.4.1　算例设置

为验证本研究所提模型正确性，选取某省 2023 年不同季节下一次能源价格、负荷需求量和新能源出力水平三个方面分析电力现货市场限价随影响层因子的变化情况，见表 3-5。

表 3-5　某省 2023 年季节性变化情况

季节	一次能源价格/(元/t)	负荷需求量/万 kW	新能源出力水平/MW
春	716	3933	4729
夏	729	5224	7389
秋	733	4269	5500
冬	732	4729	6670

3.4.2　电力现货市场限价自适结果分析

根据结果可以看出，相较于 1.2 元/(kW·h) 的固定限价，本机制按照季节划分，可以实现限价的动态变化且夏、冬季节的限价水平相对较高，为市场经营主体提供更真实的价格参考，见表 3-6 和图 3-3。

表 3-6　电力现货限价随多因子影响层自适情况

季节	X_1	X_2	η	电力现货限价自适结果/[元/(kW·h)]
春	0.006877579	0.04185944	−0.284052711	0.94
夏	−0.015130674	−0.133509584	0.178280675	1.56
秋	0.002751032	0.150914298	−0.104069825	1.14
冬	0.008253095	−0.059484468	0.08968036	1.71

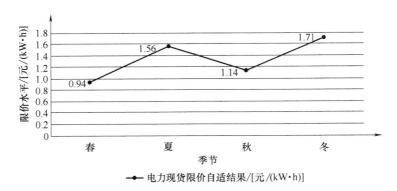

图 3-3　季节性限价结果

综上所述，本书提出的计及多因子影响层的电力现货市场限价自适模型，改变了传统固定限价的模式，实现了电力现货市场价格上限由静态模式向与现货价格产生强联动的多种因子动态自适的转变。

3.5 本章小结

新型电力系统的建设提速推动了新能源跨越式发展，而系统外部运行环境的变化与市场内部交易逻辑的更迭使得电力现货市场价格存在更多非常规波动风险和市场运行安全风险，静态扁平化固定限价模式将不利于风险传导。因此，本章综合考虑非常规风险下对电力现货价格产生强联动的各因子，构建了计及一次能源价格波动、新能源贡献率以及动态供需形势的多因子影响层，创新性地提出了对电力现货价格动态跟踪的自适限价模型。

研究结果表明，在高比例新能源入市环境下引入限价影响因子可在不同需求场景下跟踪上限价格的动态变化，对发电侧市场力实现有效管控的同时削弱新能源带来价格波动风险。建立"能涨能跌"的限价模型，通过最大化体现真实的价格信号以引导资源的合理配置、激励机组顶峰发电，缓解高比例新能源下的系统运行风险、提高各主体应对电力现货市场非常规价格风险的能力，有效保障电力现货市场稳定运营。

<h1 style="text-align:center">参 考 文 献</h1>

［1］ 齐屹，张静，刘菁，等. 能源入市风险下计及影响层的现货限价自适模型［J］. 中国电力，2024（3）：1-9.

［2］ 叶泽. 电力现货市场价格上下限的经济学依据［J］. 中国电力企业管理，2020（22）：46-51.

［3］ 黄海涛，许佳丹，郭志刚，等. 发电容量充裕性保障机制国际实践与启示［J］. 中国电力，2023，56（1）：68-76.

［4］ KHETRAPAL P, THAKUR T, GUPTA A. X-factor evaluation under RPI-X regulation for indian electricity distribution utilities［J］. Journal of Engineering Science and Technology，2017，12（7）：1900-1914.

［5］ 王宁宁. 电力产业价格管制模型研究［J］. 科技咨询导报，2006（20）：209-210.

［6］ 国家发展改革委，国家能源局. 国家发展改革委 国家能源局关于印发《电力现货市场基本规则（试行）》的通知：发改能源规〔2023〕1217 号［EB/OL］.（2023-09-07）［2024-10-31］. https：//zfxxgk.ndrc.gov.cn/web/iteminfo.jsp? id=20272.

［7］ 国家发展改革委，国家能源局. 国家发展改革委办公厅 国家能源局综合司关于进一步加快电力现货市场建设工作的通知：发改办体改〔2023〕813 号［EB/OL］.（2023-11-

01）［2024-10-31］. https://www.ndrc.gov.cn/xxgk/zcfb/tz/202311/t20231101_1361704.
html.

［8］ 武昭原，周明，王剑晓，等. 激励火电提供灵活性的容量补偿机制设计［J］. 电力系统自动化，2021，45（06）：43-51.

［9］ 关立，周蕾，刘秉祺，等. 山东电力现货市场“五一”假期长时间负电价现象分析及启示［J］. 电力系统自动化，2024，48（14）：1-7.

［10］ CAROLINE A，HOPKINS. Convergence bids and market manipulation in the Californiaelectricity market［J］. Energy Economics，2020，89（Juna）：104818.1-104818.17.

［11］ 王文婷，安爱民，保承家，等. 基于改进代价敏感直推式支持向量机的发电企业滥用市场力识别［J］. 电力系统保护与控制，2022，50（11）：102-111.

［12］ 林顺富，张琪，沈运帷，等. 面向灵活爬坡服务的高比例新能源电力系统可调节资源优化调度模型［J］. 电力系统保护与控制，2024，52（2）：90-100.

［13］ 戴斌，陈广伟，孙海峰，等. 煤电机组灵活性改造的政策导向及趋势［J］. 电力学报，2023，38（3）：247-253.

［14］ 邹鹏，丁强，任远，等. 山西省融合调峰辅助服务的电力现货市场建设路径演化探析［J］. 电网技术，2022，46（4）：1279-1288.

［15］ 马莉，范孟华，曲昊源，等. 中国电力市场建设路径及市场运行关键问题［J］. 中国电力，2020，53（12）：1-9.

［16］ 王燕兵，冯乐珍. 中国煤电协调发展机制及市场化改革［J］. 洁净煤技术，2023，29（S2）：635-641.

［17］ 王杨，罗抒予，姚凌翔，等. 面向大型新能源基地的太阳能光热发电规划研究综述：场景、模型与发展方向［J/OL］. 电网技术，1-19.

［18］ 刘映尚，马骞，王子强，等. 新型电力系统电力电量平衡调度问题的思考［J］. 中国电机工程学报，2023，43（5）：1694-1706.

计划指令与市场化手段协同的一体化保供机制

在构建全国统一电力市场目标下，跨省跨区电力市场建设有助于打破市场壁垒、实现资源大范围的优化配置，是落实国家能源战略、助推能源转型与建设新型电力系统的重要举措。多数受端省份的常规电源新增装机通常远低于负荷增长速度，省网大负荷时段电力缺口呈现逐年扩大的趋势，导致近年来其电网外电总功率最高达到了通道输送能力的上限，且省内用户对电价的承受能力十分有限，本章选择此类受端省份为研究对象。随着全国统一电力市场的不断建设，未来受端省份电网的安全稳定运行将更加依赖跨省跨区市场交易。

受端省参与跨省跨区电力市场的主要诉求即为一体化电力保供。随着全国统一电力市场的持续建设，省间市场的引入将给受端电网保供工作带来新变化与新挑战。一方面，省间电力交易优先于省内电力交易启动与出清，其结果是省内市场运行的边界、上下级之间存在耦合；然而，目前省间、省内交易的协同运作在交易方式、流程次序等方面存在挑战，跨省跨区输电通道利用率仍有待提高，如何充分利用省间平台做好本省保供工作亟待研究，即"省间省内一体化保供"。另一方面，随着电力市场化改革的不断深入，市场化手段利用价格信号实现电力经济调度，在保供工作中日益重要，如何将其与传统计划指令式保供有效协调成为制定保供策略的重要议题，即"计划指令式与市场化手段协同的一体化保供"。

因此，本章将从受端省份的视角出发，聚焦两个"一体化保供"，探索针对计划指令与市场化手段协同的一体化保供机制。

4.1 国外区域市场与我国省间市场建设情况概述

4.1.1 国外区域市场情况

1. 美国区域电力市场情况

美国区域电力市场主要由十个区域电力市场组成，其市场演化历程如图 4-1 所示。

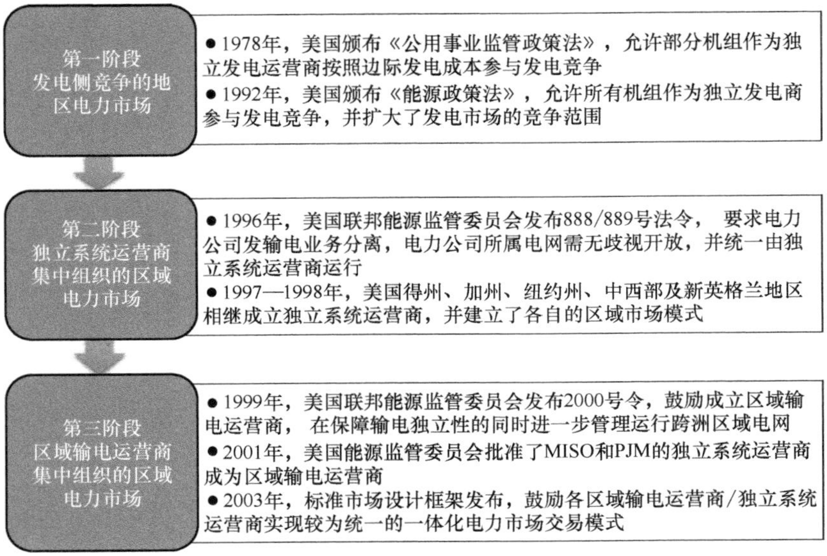

第一阶段 发电侧竞争的地区电力市场	● 1978年，美国颁布《公用事业监管政策法》，允许部分机组作为独立发电运营商按照边际发电成本参与发电竞争 ● 1992年，美国颁布《能源政策法》，允许所有机组作为独立发电商参与发电竞争，并扩大了发电市场的竞争范围
第二阶段 独立系统运营商集中组织的区域电力市场	● 1996年，美国联邦能源监管委员会发布888/889号法令，要求电力公司发输电业务分离，电力公司所属电网需无歧视开放，并统一由独立系统运营商运行 ● 1997—1998年，美国得州、加州、纽约州、中西部及新英格兰地区相继成立独立系统运营商，并建立了各自的区域市场模式
第三阶段 区域输电运营商集中组织的区域电力市场	● 1999年，美国联邦能源监管委员会发布2000号令，鼓励成立区域输电运营商，在保障输电独立性的同时进一步管理运行跨洲区域电网 ● 2001年，美国能源监管委员会批准了MISO和PJM的独立系统运营商成为区域输电运营商 ● 2003年，标准市场设计框架发布，鼓励各区域输电运营商/独立系统运营商实现较为统一的一体化电力市场交易模式

图 4-1　美国区域电力市场演化历程

随着美国发电侧自由竞争的逐步放开，市场化改革由此展开。如图 4-1 所示，美国区域电力市场的演化主要经历了以下三个阶段：一是发电侧竞争的地区电力市场模式，二是独立系统运营商（Independent System Operator，ISO）集中组织的区域电力市场模式，三是区域输电运营商（Regional Transmission Operator，RTO）集中组织的区域电力市场模式。

美国电力市场建设主要面临区域市场整合、区域市场间协调以及市场出清计算三大关键问题[1]。

（1）区域市场整合　随着高比例可再生能源并网，系统灵活性需求日益凸显，这一需求成为推动美国各区域市场融合周边电力公司、拓宽市场竞争范版图的关键动力。以加州电力市场为例，它与周边电力公司组建西部电力平衡市场（Energy Imbalance Market，EIM），实现了市场实时运行范围的拓展。MISO 通过吸纳周围电力公司，其下属的输电公司增加了 32 家，目前形成 52 家输电公司的规模。展望未来，美国区域市场整合的发展态势将持续加强。

（2）区域市场间协调　美国各区域 ISO/RTO 间主要通过双边协议实现区域电力市场间的有效协调。例如，MISO 和 PJM 间签订了联合运行协议（Joint Operating Agreement），双方市场内部节点将与对方市场代理节点进行交易，同时制定一个监管 RTO 负责监控和调整区域间联络线的潮流情况，如图 4-2 所示。当发生变化时，监管 RTO 将利用安全约束调度软件计算潮流范围并得到联络线安全约束的影子价格，并与其联络线潮流的调整计划一起发给对方，对方在接收到调整计划后再次计算调整并将结果再次发给对方。当两个 RTO 根据自己调整能力计算得出的影子价格达到最大收益时，协调调度结束[2]。电力资源通过区域间的市场化交易实现有效互补。

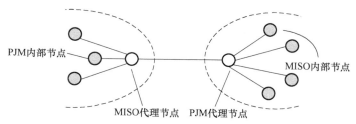

图 4-2　PJM-MISO 跨市场交易模型

（3）市场出清计算　当前，系统中机组与节点数量的增加对市场出清程序的计算能力提出了更为严苛的挑战。为了提升计算效率，PJM 于 2005 年开始采用混合整数规划法代替传统的拉格朗日规划法，通过这种方法，PJM 发电成本每年可降低 6000 万到 1 亿美元，有效提升市场运行效率。

2. 欧洲统一电力市场情况

（1）市场发展现状　目前，欧洲统一电力市场已经实现了 23 个国家的日前市场与 14 个国家的日内市场的耦合，并正在积极推进更多国家的日前、日内市场实现耦合。

欧洲电力市场能够容纳不同国家和地区的资源特性，从而构建了一个广泛的资源流通平台。此外，欧洲电力市场并未设立统一的区域调度中心，而是由 TSO 进行分散管理，这使得其难以实现像美国 PJM 电力市场那样只有一个统一的调度交易机构，能够实现日前"全电量优化"的模式。

（2）市场演化历程　自 1993 年起，欧盟便提出了建立统一电力市场的改革目标，从而开启了电力市场化交易与市场一体化建设的演变进程。如图 4-3 所示，欧洲统一电力市场的演变经历了从国家电力市场到区域电力市场，再到统一电力市场的三个发展阶段。

在欧盟电力市场的各个发展历程中，每个阶段都伴随着重要的政策制定和机构建设。最初，欧盟通过颁布一系列能源法案，强制要求各成员国开放输电网络，确保所有市场参与者都能公平地使用输电设施，从而为电力交易创造了一个自由流通的输电环境。这一举措为电力市场的自由化奠定了基础。

随着市场的不断整合和扩展，欧盟意识到需要一个更为统一的管理体系来协

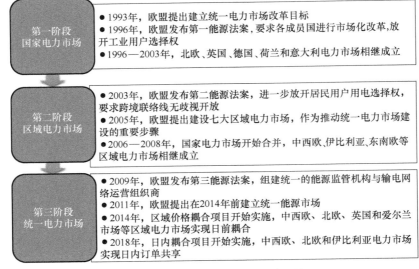

图 4-3　欧洲统一电力市场演化历程

调各国的电力交易和系统运行。因此，欧盟成立了欧洲能源监管合作组织（A-gency for the Cooperation of Energy Regulators，ACER）和欧洲输电网运营商网络组织（European Network of Transmission System Operators for Electricity，ENTSO-E），这两个机构在市场交易和系统运行方面发挥了关键作用，确保了市场的稳定和高效。

到了 2018 年，除了东南欧地区，欧盟的六大区域电力市场成功实现了日前市场的耦合，这是一个重要的里程碑，标志着欧盟电力市场一体化进程的一大步。目前，欧盟正致力于推动日内市场的一体化，以期实现更高级别的市场整合和效率提升。

（3）市场建设关键问题与相应解决方法　在近 30 年的发展历程中，欧洲统一电力市场面临了诸多关键挑战，包括消除市场壁垒、跨国联络线容量管理、市场耦合、电力中长期和现货市场衔接以及可再生能源消纳。针对这些问题，欧盟不断在市场机制和法律政策上进行完善，以确保统一电力市场的建设得以稳步推进。

1）消除市场壁垒。一些国家，如法国，由于担心市场规模扩大后外来资本的进入会降低本国电力企业的市场份额，从而对国家经济产生一定影响，故长期以来对建设统一电力市场持有较大抵触情绪，并设置了高昂的过网税费以阻碍第三方参与本国市场。

　　针对这一现象，欧盟加强了欧盟竞争法的建设，赋予欧盟委员会权力，通过宣布协议无效、罚款和诉讼等手段，制止和惩罚成员国政府或企业阻碍电力自由交易的行为。同时，欧盟要求各国建立能源监管机构，负责监管本国电网的无歧视开放。这确保了各成员国在开放国内发用电市场竞争的同时，本国电力企业也能公平地参与其他国家的电力市场竞争，从而提高其在国际市场的收益。以法国电力公司（Electricité de France，EDF）为例，在跨国电网无歧视开放后，EDF通过不断兼并他国电力企业，扩展了其在国外电力市场的业务，现已成为欧洲最大的三个发电和售电商之一，显著提升了法国电力企业在欧洲市场的竞争力，也间接减少了法国参与统一电力市场建设的阻力。

　　此外，为了应对市场整合可能给各国输电系统运营商（Transmission System Operator，TSO）在电网建设和运维方面带来的额外成本，欧盟建立了一套相对统一的容量管理和分配机制。这一机制允许TSO通过收取阻塞盈余和输电容量拍卖费用等方式回收电网规划建设的投资，并通过向网络内各市场成员按接入点收取输电税费的方式补偿电网的运维成本。同时，ACER和ENTSO-E等监管机构对各国TSO的上述行为进行有效监管。随着监管体系的不断改进，欧洲电力市场的流动性将会逐步提升，从而进一步促进其一体化进程。

　　2）跨国联络线容量管理。在市场建设初期，欧盟采用了基于各联络线可用传输容量（Available Transmission Capacity，ATC）模型的计算方法来确定联络线的容量。然而，这种方法事先确定了联络线的最大传输容量，没有考虑联络线的阻抗特性，因此不能真实反映实际物理潮流约束。为了解决这个问题，欧盟于2014年提出了采用基于潮流（Flow Based，FB）的模型来计算跨区联络线容量，并在中西欧电力市场率先开展了应用。

　　与传统的可用传输容量模型相比，基于潮流的模型在模拟物理潮流方面表现出更高的准确性，这有助于更有效地利用联络线的传输容量。自引入该模型以来，欧洲统一电力市场在跨区传输线容量利用率方面取得了显著提升，达到了86%的高水平。此外，基于潮流的模型还促进了价区间的价格一致性，为市场参与者提供了更加稳定和可预测的交易环境。

　　3）市场耦合。欧洲统一电力市场以实现日前市场耦合为起点，开启了市场耦合进程。日前电力市场交易作为形成中长期合约市场结算参考价格以及帮助各市场平衡责任主体完成初始平衡的重要手段，其耦合的实现对于市场的稳定性和效率具有重要意义。

　　在日前市场耦合的过程中，不同国家或地区机组类型的差异为耦合算法的设计带来了巨大挑战。例如，北欧等可再生能源丰富的地区机组出力间歇性强，而德法等国火电及核电机组分布广，机组开停机起动成本高、出力调节能力差。为此，欧洲除了设计常规的单一小时报价以外，还设计了多种不同类型的块报价方式，如灵活小时块报价、可削减块报价、排他性块报价等。并建立了 EUPHE-MIA 算法，负责兼容多种报价方式进行联合出清，逐步实现了日前的完全耦合。

在日内市场耦合方面，由于日内市场交易量相对较小，且一些国家或地区在原有市场中并未设立日内市场，因此日内市场的耦合进程起步较晚。日内市场耦合的核心在于建立一个共享平台，用于各地区经营主体交易需求订单的交流。然而，在实际交易机制上，日内市场并未实现真正的耦合，各地区的交易活动仍然基于共享平台独立进行。此外，由于日内交易不涉及阻塞盈余的分配，导致一些阻塞问题较为突出的国家，如英国，对参与日内市场耦合持保留态度，这在一定程度上影响了当前欧洲日内市场的耦合程度。

4）电力中长期和现货市场衔接。在欧洲统一电力市场中，中长期交易主要采取金融合约交易的形式，而物理合约交易的比例相对较小。对于物理合约交易，市场通过显式拍卖机制要求交易双方在交易前购买输电容量，并在日前市场形成 ATC 之前，将物理合约交易所占用的输电容量从可用容量中扣除。

而对于金融合约交易，其交易电量将与日前电力现货交易电量在日前电力市场进行集中优化。通过隐式拍卖的方式，基于日前市场的 ATC 进行容量分配。同时，金融合约将参考日前市场形成的无约束边际价格，按照差价合约的方式进行结算。

5）可再生能源消纳。随着欧盟提出到 2030 年使可再生能源份额达到能源消费总量的 35% 的目标，可再生能源占比的增加给欧洲统一电力市场的运行带来了新的挑战。为了使可再生能源尽可能多地被消纳，大多数国家制定了一系列可再生能源补贴政策，如采用固定上网电价机制（feed-in tariff）对第一年新投入运行的可再生能源机组进行补贴。

自 2017 年起，欧盟开始推行招标电价（tendering）机制，以市场化招投标的方式确定可再生能源上网电价。这种机制不仅能够降低补贴资金需求总量，而且能够确保电价更加贴近市场预期，实现资源的有效配置。

此外，为了应对可再生能源的间歇性挑战，欧盟各国不断提升日内市场的滚动频率，目前已实现 15min 滚动出清。这种高频市场机制使得市场信号能更加精确地反映新能源的消纳需求，进而激发市场提供更多的灵活性资源，以适应可再生能源的波动性。

（4）欧洲典型区域电力市场建设经验分析

1）北欧。与美国区域电力市场相比，欧洲电力市场具有更高的耦合度，其分区平衡电力市场的特点尤为突出。北欧电力市场作为首个跨国区域电力市场，长期以来市场运行稳定，市场范围持续扩大，共享机制相对成熟。北欧电力市场在跨区市场建设方面的经验，对于其他地区具有重要的学习和借鉴价值。

北欧地区的电力资源与负荷分布存在显著的不均衡性，北部地区拥有丰富的水电资源，而南部地区则主要依赖成本较高的火电。这种地理上的资源差异导致了北部地区电力供应过剩，而南部地区电力供应紧张。这种不平衡的地缘因素以及水火互补的内在需求，成为北欧四国电力市场联合的强大动力。

同时，欧盟的能源政策核心在于构建内部能源市场，旨在提升欧盟的经济效益，增强能源供应的稳定性，并推动向低碳经济的转变。在这一背景下，扩大输电网成为整合高比例可再生能源、提高电力系统弹性的最具成本效益的方式。研究表明，与孤立区域相比，电网互联不仅显著降低了成本，还提高了区域脱碳策略的效率，为欧洲实现低排放经济转型提供了重要支持。

北欧电力市场采用了日前市场、日内市场和实时市场相结合的市场模式。日前市场采用分区边际电价的价格机制，基于历史的阻塞情况划分不同价区，形成分区电价。日前市场可以完成电力交易的跨国出清，并可计算不同价区间联络线的输送约束，不考虑各价区的内部网络。日内市场同样可以进行跨区交易，用来提高联络线利用率。而在实时平衡市场，则由各国 TSO 负责，此时需要考虑各个控制区实际的网络约束与其他物理运行参数，并且还需考虑区域传输的运行条件。

2）德国。《德国能源转型中高比例可再生能源的市场设计》一文深入探讨了平衡基团的概念。平衡基团作为一个虚拟的市场基本单元，要求发电和用电量必须达到精确的平衡。在这一机制下，参与者不仅能够进行电力交易，还能够有效地应对发电和需求的波动，从而确保电力系统的稳定运行。

德国拥有约 430 多个平衡基团，每个基团都采用了独特的方法来控制平衡。这种分而治之的平衡机制使得德国能够因地制宜地实现自我平衡，并与输电网进行双向互动。平衡基团的预测和平衡控制做得越好，系统所需的平衡功率就越少。这种灵活性和创新性被认为是德国在维护新型电力系统安全稳定的同时，能够高比例消纳新能源的关键所在。

基于上述成功案例，欧盟提出引入虚拟交易枢纽机制，以解决短期和长期市场存在的缺陷，并增强市场的灵活性和适应性。这一机制可以被看作是一个区域平衡实体，因为它能在不同地区和国家之间进行电力交易，从而保持地区或国家内部的电网平衡。通过建立一个共同的虚拟枢纽，参与者可以更有效地进行电力交易，从而保持区域或国家内的电网平衡。

虚拟交易枢纽将可再生能源的突发变化带到虚拟交易枢纽平台上交易，并作为市场投资导向的信号。换句话说，虚拟交易枢纽是对短期和长期市场的补充。从长远来看，虚拟交易枢纽的价格可能像短期和长期市场一样互相影响，价格会互相参照并在此过程中趋同。

除了补充短期和长期市场的功能外，区域虚拟枢纽还拥有其他显著优势，包括灵活性和规划安全性。区域虚拟枢纽能够为参与者提供额外的灵活性和适应性，使电力交易和区域流通更加高效。通过建立一个共同的虚拟枢纽，参与者可以更好地应对不可预见的事件，如需求突变或发电厂停电等。相比之下，仅允许短期电力交易的短期市场无法总是快速反应以弥补可再生能源发电的波动。

此外，区域虚拟枢纽交易中心还可通过签订长期电力合同，为参与者提供更大的规划安全性。参与者可以提前数年协调其电力生产和需求状况，使其电力供应更加安全和高效。若可再生能源的发电量激增，则参与者可以通过在区域虚拟枢纽上进行交易，使其电力供应更加灵活和高效。

综上所述，区域虚拟枢纽为欧洲电力交易和可再生能源整合开辟了新的前景，为电力供应的安全性和效率带来了显著提升。其核心优势在于为电力交易提供了额外的灵活性和适应性，使参与者能够迅速应对不可预见的事件，并有效促进可再生能源的整合。

3. 国外电力市场经验总结

基于美国区域电力市场以及欧洲统一电力市场的情况，可以发现国外电力市场建设在保障电力供应方面积累了丰富的经验，具体体现在以下几个方面：

（1）区域市场整合，扩大资源优化范围 美国和欧洲都积极推进区域市场整合，扩大资源优化范围。美国通过区域市场整合，如加州电力市场与周边电力公司组建西部电力平衡市场（EIM），以及 MISO 吸纳周围电力公司，实现了市场范围的拓展和资源的有效互补。欧洲则通过开放输电网络、建立统一的容量管理和分配机制等措施，促进了统一电力市场建设进程，实现了跨区域电力资源的优化配置。

（2）区域市场间协调，实现电力资源互补 美国和欧洲建立了区域市场间协调机制，实现电力资源互补。美国区域 ISO/RTO 通过双边协议进行协调，如MISO 和 PJM 签订的联合运行协议，实现区域间电力资源有效互补。欧洲则依靠ACER 和 ENTSO-E 等机构，协调各成员国电力交易和系统运行，制定统一规则，监督市场运行，保障电力系统安全稳定。

（3）市场出清计算优化，提升市场运行效率　以 PJM 为例，其采用混合整数规划法代替传统的拉格朗日规划法，有效提升了市场出清计算效率，降低了发电成本。

（4）市场机制创新，适应可再生能源发展　为适应可再生能源快速发展带来的挑战，欧洲积极进行市场机制创新，提升电力系统灵活性和可再生能源消纳能力。欧洲推行可再生能源招标电价机制，以市场化方式确定可再生能源上网电价，降低补贴资金需求，并提升日内市场滚动频率，实现可再生能源的高效消纳。德国引入平衡基团和虚拟交易枢纽机制，将可再生能源的突发变化带到虚拟交易平台上进行交易，作为市场投资导向的信号，并作为短期和长期市场的补充，提供额外灵活性和规划安全性，促进可再生能源整合，提升电力系统运行效率和可靠性。

（5）政策法规支持，保障市场健康发展　以欧盟为例，其通过颁布一系列能源法案，强制要求各成员国开放输电网络，建立能源监管机构，并完善欧盟竞争法，确保电力市场的公平竞争和健康发展。

综上所述，国外电力市场建设经验对于保障电力供应、优化资源配置、提升市场运行效率、适应可再生能源发展，以及促进市场健康发展等方面具有重要意义。它山之石，可以攻玉，我国可以借鉴国外经验，结合自身实际情况，积极推进电力市场建设，提高电力系统运行效率和灵活性，保障电力供应安全可靠。

4.1.2　我国省间电力市场运营情况

目前，我国已经实现了省间电力市场的中长期、现货和区域辅助服务市场的全面覆盖。在电力保供的关键时期，如迎峰度夏和迎峰度冬，跨省跨区的市场化交易机制对于省间的电力支援和互济保供起到了重要作用。2023 年，省间交易电量达到了 11589.4 亿 kW·h，同比增长了 11.8%。其中，省间电力直接交易为 1293.6 亿 kW·h，省间外送交易为 10159.7 亿 kW·h，发电权交易为 163.1亿 kW·h。此外，省间集中竞价交易已经进行了 20 轮，参与申报的经营主体达到了 1.15 万家次，累计交易电量为 9.63 亿 kW·h。

1. 省间电力市场建设基础

（1）资源禀赋与负荷逆向分布　我国资源分布与负荷中心呈现出逆向分布的特点。具体来说，煤炭资源的 90% 和太阳能资源的 85% 主要集中在西部和北部地区，而风能资源的 80% 和水能资源的 80% 则主要集中在"三北"和西南地区。然而，电力负荷的 70% 却集中在中东部地区[3]。这种资源分布与负荷需求的逆向分布，使得仅仅依靠本省或本区域的资源来平衡电力电量以及消纳清洁能源已经难以满足需求。因此，迫切需要扩大跨省区的输电规模，并完善省间电力现货市场的机制，以实现电力资源的优化配置和高效利用。

（2）全网电力电量一体化平衡　跨省跨区的电力交换电量呈现出持续快速的增长趋势。根据表 4-1 的数据显示，2022 年主要购售电省份（地区）的外送/受电量比例均超过了 20%。这表明，所有的省级电网都需要依赖跨省跨区的输电来保障本省的电力电量平衡以及清洁能源的消纳。因此，电力平衡的格局已经从"分省分区平衡"全面转变为"全网统一平衡"。

表 4-1　2022 年全年主要购售电省份（地区）外送/受电量比例

受端省份（地区）	外受电比例	送端省份（地区）	外送电比例
北京	61.84%	蒙东	50.89%
上海	45.51%	宁夏	46.97%
重庆	28.63%	冀北	32.74%
浙江	25.96%	四川	31.90%
天津	25.70%	山西	28.94%
山东	23.05%	新疆	28.77%
湖南	23.04%	甘肃	24.13%

（3）新能源消纳压力凸显　我国可再生能源的装机容量正在快速增长，新能源的装机规模已经连续六年稳居全球首位。然而，由于三北/西南地区网内的消纳能力有限，导致了"三弃"（弃风、弃水、弃光）问题的严重性。为了适应新能源的大规模开发和高效利用，需要设计相应的市场机制。当送端地区存在弃电风险，而受端电网仍有消纳空间时，可以充分利用跨省区的通道富余输电能力，开展跨省区的电力现货交易。通过市场化的机制，可以实现跨省区电力余缺的互济，从而促进可再生能源在大范围内的消纳。

2. 省间电力市场建设文件（见表4-2）

表4-2 省间电力市场建设相关文件

时间	发布机构	名称	文号	主要内容
2017.8	国家能源局	国家能源局关于同意印发《跨区域省间富裕可再生能源电力现货交易试点规则（试行）》的复函	国能函监管〔2017〕46号	启动跨区域省间富裕可再生能源电力现货试点
2021.10	国家发展改革委	跨省跨区专项工程输电价格定价办法	发改价格规〔2021〕1455号	加快深化电价改革，进一步提升跨省跨区专项工程输电价格核定的科学性、合理性
2021.11	国家电网有限公司	省间电力现货交易规则（试行）		利用市场化手段促进清洁能源更大范围消纳，开展省间电力余缺互济
2022.6	北京电力交易中心	跨区跨省电力中长期交易实施细则（审定稿）	京电交市〔2022〕26号	为经营主体参与跨区跨省电力中长期交易提供依据
2023.6	国网华中分部	跨省跨区电力应急调度管理办法华中区域实施细则（暂行）		形成了完备的"市场+应急"跨省跨区电力余缺互济调度体系，为发挥大电网统一平衡、备用共享优势
2023.9	国家发展改革委、国家能源局	关于印发《电力现货市场基本规则（试行）》的通知	发改能源规〔2023〕1217号	为省间电力现货市场的建设提供了指导和规范
2023.10	国家发展改革委、国家能源局	关于进一步加快电力现货市场建设工作的通知	发改办体改〔2023〕813号	持续优化省间交易机制，推动跨省跨区电力中长期交易频次逐步提高
2023.10	南方能源监管局	关于印发《南方区域跨省（区）电力应急调度暂行规则》的通知	南方监能市场规〔2023〕1号	进一步提升南方区域跨省（区）电力余缺互济能力，有效保障电力系统安全稳定运行、电力有序供应和清洁能源消纳
2024.6	北京电力交易中心	跨区跨省电力中长期交易实施细则（2024年版）	京电交市〔2024〕38号	深化省间电力中长期市场建设，进一步健全交易机制

3. 省间电力中长期市场

省间电力中长期交易已开启连续运营，电力中长期市场按工作日连续开市，多通道集中优化出清交易转为正式运行。

当前我国省间电力交易主要以省间电力中长期合约交易为主。以北京电力交易中心组织开展的省间电力市场为例，电力中长期合约交易包含省间电能交易、省间发电权/合同交易，按照交易周期分为多年、年、月、周、多日等，交易组织方式包括双边协商、集中交易等。省间电力中长期交易合同曲线是省间电力现货交易的组织基础。

基于省间电力中长期连续运营机制，应充分发挥大电网互联互通能力、完善跨省跨区市场机制，进一步挖掘省间电力互济潜力，实现电力资源在全国范围内的优化配置。

4. 省间电力现货市场

（1）市场框架 如图 4-4 所示，省间电力现货交易的卖方主体包括风电、水电、核电、火电等所有电源类型的发电企业，买方为电网公司、售电公司或大用户。

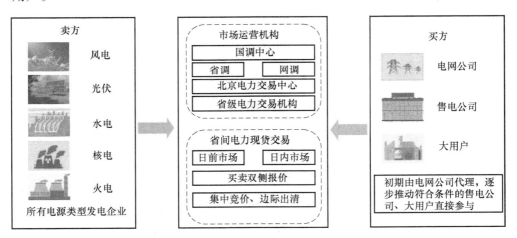

图 4-4 省间电力现货市场交易框架示意图

初期可由电网公司代理，逐步推动符合准入条件的售电公司或大电力用户直接参与省间电力现货交易。

省间电力现货交易包括日前省间电力现货和日内省间电力现货。日前电力现货交易以运行日前一日（$D-1$，D 表示当前日）组织出清运行日 96 个时段的交易；日内电力现货交易每日 12 个固定交易周期，每个时段内出清未来 2h 的交易。

（2）建设概况 省间电力现货市场已进入正式运行阶段。

自 2022 年 1 月 1 日开始,省间电力现货市场经历模拟试运行、两天、整周、整月、整季度和半年结算试运行,并在 2023 年完成整年连续结算试运行。期间市场运行总体平稳,经营主体踊跃参与。省间电力现货市场交易范围包括国家电网、内蒙古电力公司经营区,累计交易电量达 569 亿 kW·h,在一定程度上解决了局部电力过剩、新能源消纳困难等问题。

在 2024 年 10 月 15 日,省间电力现货市场正式转入运行,这标志着我国电力市场化交易范围的进一步扩大。截至目前,交易范围已实现国家电网经营区和蒙西地区的全覆盖,参与交易的发电企业有 6000 多家,发电主体涵盖多种类型,交易电量累计已超过 880 亿 kW·h,其中清洁能源电量占比超 44%。但是买方均为电网公司代理购电,售电公司和用户尚未参与,市场潜力有待进一步挖掘。

(3)省间电力现货市场价格水平分析　从省间电力现货全市场的月均购电量水平来看(见图 4-5),2023 年的活跃程度明显超过了 2022 年,增长率超过了 30%。从每半年的数据来看,下半年的月均购电量总是高于上半年,但 2022 年下半年的成交量水平尤其高。

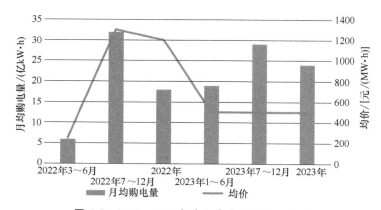

图 4-5　2022—2023 年省间电力现货量价对比

注:因省间电力现货市场从 2022 年 3 月开始整月结算试运行,因此未包括 1 月和 2 月的少数
　　几天数据,又因 7 月 10 日开始执行新的价格规则,所以将半年的数据拆出来分析。

在 2022 年的上半年,省间电力现货市场才刚刚起步,各方参与者都在探索和学习。然而,到了 2023 年上半年,经过 2022 年夏秋两季市场活跃期的洗礼,参与者们已经对市场有了深入的了解。因此,下半年购入量的增长也就不足为奇了。这主要归因于国网范围内大部分省份在夏季都会出现用电高峰,而北方地区,尤其是东北地区,虽然不存在夏季高峰,但冬季的高峰用电需求依然存在。黑龙江、吉林等省份作为电力输出省,其省内供需状况相对宽松,即使在迎峰度冬期间，也能保持电力输出。因此，从整个省间电力现货市场的角度来看，应对夏季高峰的挑战要大于冬季，尤其是在水资源供应不足的情况下，更容易出现电力短缺的情况。

从全市场的均价来看，2023 年均价大幅度下降，下半年的均价比上半年更低，但其中部分原因是调整价格规则导致的，另一个重要原因是缺电情况明显好转，水电大发供给较为充足。

（4）各区域交易情况分析　2022 年、2023 年省间电力现货各区域交易情况详细分析见表 4-3[4]。

表 4-3　各区域交易情况分析

区域	交易情况
华东地区	大部分省份保持其作为电力受端省份的身份不变。其中,浙江省连续两年在购电量方面居居榜首,而福建省则继续作为华东地区唯一的电力卖方省份
华中地区	2022 年,华中地区的电力交易以买入为主,其中仅湖南有少量的电力卖出。然而,到了 2023 年,情况发生了显著变化,尤其是河南和湖北的电力卖出量大幅度增加
西南地区	2022 年,四川是排名第一的电力卖出省份,排名第一。然而,到了 2023 年,四川的电力卖出量有所下降,排名下降一位。此外 2023 年重庆的卖电量显著增加
西北地区	西北地区的电力卖出量呈现显著增长。其中,甘肃的变化最为显著,其买入量占比大幅度减少。青海仍然是西北地区买入量最多的省份。陕西的买入量比例有所增加。宁夏的总成交量大幅度增加,新疆的卖出量有所减少
华北地区	山西的电力卖出量持续保持高位。新增华北直调这一经营主体,2023 年华北直调机组的省间电力现货交易卖出电量超过了 6 亿 kW·h。山东电网的买入量大幅减少,其他华北地区的经营主体买入量普遍增加
东北地区	卖出量显著增长,吉林的买入量比例大幅增加

5. 省间、省内电力市场衔接机制

结合省间、省内电力市场"两级运作"的思路，目前省间和省内电力市场的协调思路是通过电量耦合的模式开展，如图 4-6 所示。

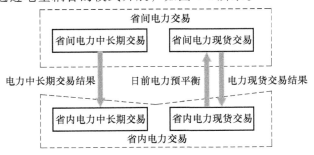

图 4-6　省间、省内电力市场衔接示意图

在交易时序上，电力中长期交易省间先于省内电力交易开展。电力现货交易中首先省内形成电力预平衡，再开展省间日前电力现货。

在市场耦合方面，省间电力中长期交易物理执行，省间电力交易结果作为省内电力交易的边界。

在偏差处理方面，实际运行与合同约定产生的偏差，根据成因和影响范围，分别按照省间、省内电力市场规则处理。

阻塞管理与安全校核方面，按照统一调度、分级管理的原则，国调（及分调）、省调按调管范围负责输电线路的阻塞管理与安全校核。

6. 省间电力市场交易流程

（1）省间电力中长期交易　年度交易以跨区跨省优先发电计划作为边界，开展年度双边协商交易、集中交易，经营主体需签订电力曲线合同或明确曲线形成原则。原则上，政府间协议优先其他市场化交易组织。跨区跨省年度交易一般先于省内年度交易开展，经营主体均可自愿参与。年度合同转让交易随年度（电能量）交易一并开展。

月度及月内交易以年度优先发电计划合同和年度市场化交易分月电量及电力曲线作为月度交易边界，开展月度双边协商和集中交易，经营主体需签订电力曲线合同。月内交易在当月视情况组织。月度、月内合同交易在月度、月内交易之前组织，或随月度、月内交易同时组织。

（2）省间电力现货交易　省间日前电力现货交易按日组织，每个工作日组织次日 96 个时段的省间电力现货交易，包括预计划下发、交易前信息公告、省内电力预出清、交易申报、省间电力现货出清，以及跨区发输电计划编制、省间联络线计划编制、省内发电计划编制等环节，具体流程如图 4-7 所示。

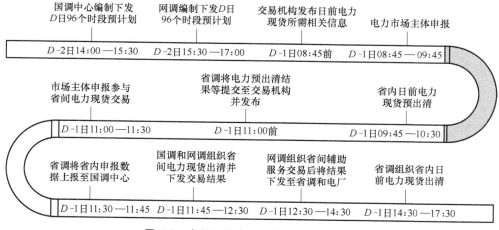

图 4-7　省间日前电力现货交易组织流程

省间日内电力现货交易以 2h 为一个交易周期，共 12 个交易时段组织，当本交易周期结果发布后仍有富余的电力外送或购电需求时，可组织临时交易，但需要保证在 $T-60$（T 为交易时段的起始时刻，-60 表示 T 时前 60min，图 4-8 中各符号以此类推）前将出清结果下发到省调。省间日内电力现货交易包括交易前信息公告、交易申报、省间电力现货出清及跨省输电计划编制、省间联络线计划下发、结果发布等环节，具体流程如图 4-8 所示。

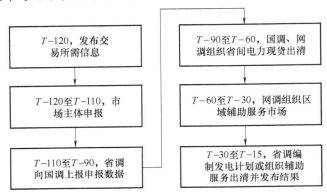

图 4-8　省间日内电力现货市场流程

4.1.3　国外区域市场与我国跨省跨区交易对比分析

尽管欧洲与美国电力市场的市场竞争范围都在发展过程中不断扩大，但正如图 4-1 与图 4-3 所示，他们的市场建设目标与发展路径却不尽相同。因此，本节将从市场建设的一些外在条件，包括背景、电网架构与技术条件，以及市场建设的内在条件，包括驱动力与组织机构等方面将美国和欧洲电力市场和我国电力市场进行了对比分析，见表 4-4[1]。

表 4-4　国外电力市场与我国省间电力市场建设条件对比分析

对比项	美国区域电力市场	欧洲统一电力市场	我国省间电力市场
背景	美国作为一个联邦制国家，其电力市场的建设主要是由联邦能源监管委员会负责	欧盟作为一个区域性的经济政治组织，其电力市场的建设主要是由欧盟理事会负责	在我国，电力市场的建设主要由中央政府负责推动。我国的电力工业以省级为单位进行实体运营，不同省份之间存在着较为明显的壁垒
技术条件	在市场出清模型的设计中，会充分考虑具体的物理网络结构和机组的运行参数，因此对算法能力的要求非常高	在市场出清模型的设计中，会充分考虑价区之间的联络线容量约束，因此对算法能力的要求相对较低	在我国，各省份的电力现货市场既存在集中模式，也有分散模式。为了构建一个全国统一的电力市场，需要设计出能够有效兼容不同省份市场模式的出清算法

（续）

对比项	美国区域电力市场	欧洲统一电力市场	我国省间电力市场
驱动力	各州的电力供需主要依靠本地平衡,对跨区域资源优化配置的需求相对较小	各国资源禀赋差异显著,因此对跨区域资源优化配置的需求十分强烈	可再生能源和负荷中心的空间分布不均衡且相对固定,因此对可再生能源的大范围消纳需求十分强烈
组织机构	由 RTO/ISO 负责市场出清与调度运行,但缺少区域市场间协调机构	交易所轮值市场出清,TSO 负责调度运行,AC-ER 与 ENTSO-E 负责协调	省间和省内交易分别由国家和省级交易机构组织,各级调度机构负责分级调度,电力市场的整合依旧缺乏相应机构的统一协调
电网架构	各州的输电网络管理相对分散,跨州之间的联系较为薄弱,导致输电容量不足	跨国输电网络已经统一规划并建设完成,互联网络的输电容量相对充裕	各区域电网已实现全面互联,跨区域输电容量充足。然而,跨区输电的方向性较强,计划电量占比较大,导致市场化交易的空间有限

综上所述,无论是欧洲还是美国的电力市场建设,都受政治背景、技术条件、管理体制、电网架构等市场建设要素影响,从而形成了不同的市场建设目标与发展路径。

鉴于大范围资源配置的需求以及各国主权独立的实际情况,欧洲选择了融合式的演化路径。而美国考虑到电网所有权分散以及全国性资源配置需求尚不迫切,选择了整合式的演化路径。

在我国,电力市场建设虽然已经基本确立了以省级电力市场为起点的演化路径,但在省级电力市场的协调与耦合方面仍存在总体性布局与统筹的不足。这导致了各省级市场间的市场模式差异性较大,调度与交易权责模糊的问题依然严重,给我国电力市场向全国统一演进带来了一定挑战。2020 年,《中共中央　国务院关于构建更加完善的要素市场化配置体制机制的意见》指明了要素市场化改革的方向。全国统一的电力市场作为全面带动电力行业各要素市场化配置的重要抓手,其建设意义巨大,但仍需要紧密结合国外电力市场的建设经验与我国要素市场化改革的需求,形成具有中国特色的省间电力市场建设思路。

4.2　基于受端省份保供一体化的跨省跨区存在的问题

对于省内用户对电价的承受能力十分有限的受端大省,参与省间市场面临的问题与送端省份,以及对电价变化承受能力强的受端省份均存在较大差异。目前,此类受端参与省间市场主要面临着以下两类问题。

4.2.1 保供紧张时段外来电采购问题

目前，大多数受端省面临电力缺口逐年扩大，保供形势持续严峻的问题，而通过外购电为全省安全保供提供有效支援是解决该问题的有效手段。

以某受端省为例，在 2023 年度夏季，该省的最大用电负荷达到 7917 万 kW，供电缺口约为 600 万 kW。面对如此严峻复杂的保供形势，该省不得不通过在省间市场购买电力来缓解电力供需矛盾。而根据已核准的省内电源发展规模以及对未来负荷的预测情况，初步预测常规电源新增装机远低于负荷增长速度。在"十四五"期间，该省省网夏、冬大负荷高峰时段的电力缺口将呈现逐年扩大的趋势，电力保供形势将持续严峻。预测数据显示，到 2024 年和 2025 年，全省电力缺口将分别达到 1100 万 kW 和 1600 万 kW。

在迎峰度夏和迎峰度冬的关键时期，许多省份都面临着巨大的电力保供压力，不得不在省间市场进行购电，甚至采取"应购尽购"的策略。这种情况下，受端省在保供紧张时段购买外来电力面临着极大的困难。此外，由于众多省份在省间市场抢购外来电力，导致省间电力现货市场中申报的电价不断攀升，最高甚至达到了 10 元/(kW·h) 的上限。因此，受端省想要在省间市场购买到经济实惠的电力更是难上加难。

4.2.2 外来电力波动性和不确定性问题

受端省份仅靠省内发电无法满足省内的用电所需，因此需要外省输电以维持电力电量的平衡以及电网的稳定运行。

1) 部分跨省跨区直流输电通道清洁能源输送占比较高，送电高峰时段与受端电网尖峰时刻不匹配情况长期存在。以青豫直流工程为例，这是一条特高压通道，专门用于输送青海省的清洁能源电力至受端省份，其清洁能源占比高达100%。青海电网拥有大量光伏装机容量，且占比高，这对青豫直流的外送电力产生了显著影响。为了说明这一问题，选取青海光伏发电与河南省电网负荷作为案例，如图 4-9 所示[5]。由于青海光伏出力和河南电网负荷的量级存在较大差异，故采用标幺值进行对比（光伏基准值为月度最大出力，负荷基准值为月度最大负荷）。结果显示，青海电网光伏出力主要集中在 10：00—16：00，而河南电网用电高峰期（晚高峰）主要集中在 17：30—21：30，这导致了送、受电曲线匹配困难，调峰需求难以达成一致。如果河南省根据用电负荷情况调整送电功率曲线，那么将会导致更高的弃光率。新能源的反调峰特性使得河南电网负荷峰谷差增加，并且调峰幅度可能会低于河南电网自身负荷调峰深度，这表明外网新能源电力的大规模受入将给河南电网的调峰问题带来巨大挑战。

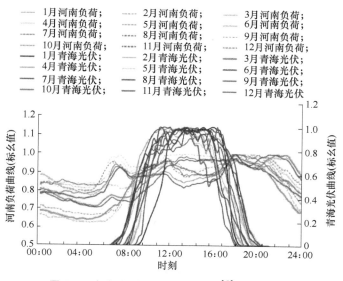

图 4-9　青海-河南光伏-负荷曲线[5]（见彩插）

2）中长期、临时电力不确定性增加，加剧全省电力供需紧张局面。一方面，由于外电中存在大量新能源发电，而新能源发电的波动性导致其难以实现持续稳定供电或根据负荷需求调节发电出力，降低了发电曲线置信度。同样以青豫直流为例，青海新能源发电波动较为明显，典型年新能源日最大可发电量为 9163 万 kW·h，日均可发电量为 6177 万 kW·h，最小可发电量为 2919 万 kW·h，逐日、三天内、一周内新能源可用电量最大波动幅度分别达到 4982 万 kW·h、4039 万 kW·h 和 5073 万 kW·h。全年相邻日电量波动超过 1000 万 kW·h 的时间超过 40%，青豫直流难以实现稳定曲线外送，给受端电网带来了持续性的不确定性扰动。同时，受端电网不断加强特高压直流建设必然会使风光变流器等大量电力电子设备接入，随之而来的就是电能质量问题，以及可能会出现的新的次/超振荡稳定问题，因此受端电网的电力不确定性逐渐增强。

另一方面，多馈入受电端省份无法承受和消纳多条直流特高压线路电力电量，在正常运行中两条直流输电通道之间会存在耦合效应。为保证电网稳定运行，两者只能按照总送电功率不超过 600 万 kW 控制，输送功率此消彼长、互为制约。同时，这两条直流输电通道与其余特高压输电通道之间也存在着耦合效应，当这两条直流输电通道高负荷率运行时，会将其余特高压输电通道调减出力。所以在电力供需全面紧张的情况下，尤其是负荷高峰时期急需外电时，各输送通道受到制约，不能最大限度地发挥输送能力。

4.3 基于受端省保供一体化的跨省跨区应对策略

当前，我国受端省份参与省间-省内市场在交易流程上的衔接关系为：①电网公司基于发电投标与负荷需求信息以及新能源出力与负荷需求预测情况，向国家电力交易中心申报省间购电需求；②国家电力交易中心通过运行省间电力市场，组织省间联络线送端的各类发电机组参与省间交易以满足电网公司的购电需求，并在交易结果出清后形成各联络线的日调度计划；③省级电力交易中心以联络线日调度计划作为边界条件，运行省内电力市场，进行电能出清[6]。

受端大省做好省间-省内市场衔接的目的主要是为了本省一体化保供。对于 D 日运行实时产生的电能偏差，可通过市场化保供与计划指令式保供协同的保供方式确保省内电力平衡，如图 4-10 所示。

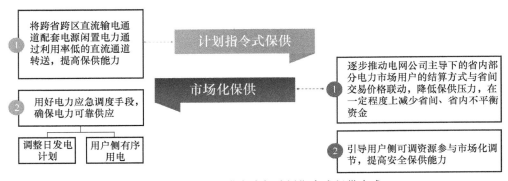

图 4-10　市场化保供方式与计划指令式保供方式

4.3.1　计划指令式保供

1. 将跨省跨区直流输电通道配套电源闲置电力通过利用率低的直流通道转送，提高保供能力

以某受端省为例，2023 年度夏期间，最大用电负荷为 7917 万 kW，供电缺口约 600 万 kW，电力保供面临着购电难、经济购电更难的双重压力，保供形势十分严峻。然而，该省现有的天中直流、青豫直流两条跨省跨区直流通道分别存在传输能力不足、通道利用率低的问题，通道传输能力亟需优化。

青豫直流工程作为全球首条以清洁能源外送为主的特高压通道，其重要性不言而喻。如图 4-11 所示，该工程始于青海省海南州的青南换流站，穿越青海、甘肃、陕西、河南四省，最终抵达河南省驻马店市的驻马店换流站（豫南地区）。其输电电压等级高达 ±800kV，输送容量达到 8000MW，线路总长达1587km，并新建了海南和驻马店两座换流站。工程送端接入 750kV 交流系统，受端换流站接入 500kV 交流系统。青豫直流 100% 传输清洁能源，调节电源为水电，其配套电源情况详见表 4-5。截至 2023 年 5 月，青豫直流的最高送电能力为150 万 kW，但在非光伏时段，送电能力仅为 40 万~50 万 kW，通道利用率较低，但可利用空间巨大。到了 2025 年，随着配套水电的全面建成，度夏晚高峰的送电电力将进一步提升至 430 万 kW。

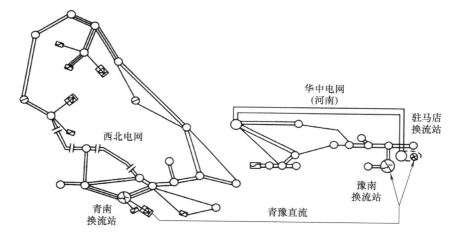

图 4-11　青豫直流通道[5]

表 4-5　青豫直流配套电源情况　　　　　　（单位：万 kW）

电源类型		2020 年	2021 年	2022 年	2023 年	规划设计
水电	班多	36	36	36	36	36
	羊曲	0	0	40	120	120
	玛尔挡	0	0	64	220	220
	李家峡扩机	0	40	40	40	40
	拉西瓦扩机	0	70	70	70	70
光热						300
光伏		300	400	500	500	500
风电		200	300	400	400	400
合计		536	846	1150	1386	1686

天中直流工程是我国"疆电外送"战略的首个特高压输电项目，也是首个将大型火电和风电基地电力"打包"送出的特高压工程。该工程始于新疆哈密的天山换流站，终点位于河南的中州换流站，穿越新疆、甘肃、宁夏、陕西、山西和河南六个省（自治区），线路总长达 2192km，额定电压为 ±800kW，额定输送功率为 800 万 kW。每年，天中直流可以向河南省输送超过 400 亿 kW·h 的电量。截至 2023 年 5 月，天中直流已投产配套的新能源容量为 925 万 kW，煤电容量为 660 万 kW，理论上可以支撑 700 万 kW 以上的电力外送。然而，目前通道的最高送电能力仅为 600 万 kW，仍有 100 万 kW 的容量处于闲置状态。

因此，若能在迎峰度夏、迎峰度冬电力保供紧张时段将天中直流配套电源闲置电力通过青豫直流转送，用满青豫和天中通道能力，利用区域互济互保机制，充分释放外电送电能力，则可极大缓解该省的电力保供压力。

第一，在夏季非光伏时段，建议部分天中配套电源电力由青豫直流转送，全力提高该省电力保供能力。由于青豫直流有 100% 输送新能源的硬性要求，因此优先转送天中配套新能源电量。若配套新能源无法补足该省负荷缺口，则可转送天中配套火电，并向国家相关部门合理建议在考核中剔除此情况。

第二，对于转送的配套电源，其上网电价保持现有政府间协议不变，输电价格变动成本则可采取临时调整通道输电费用的方式。

综上所述，建议政府协调加快青豫直流配套电源建设进度，落实四方协议，提高长期协议送电电力，2025 年度夏晚高峰配套电源送电能力达到 430 万 kW；依托区域错峰互济互保机制，增购电力 150 万 kW。

2. 用好电力应急调度手段，确保电力可靠供应

在夏大、冬大等电力保供困难时期，供电需求攀升，新增负荷陆续达产，地区用电负荷持续保持高位叠加，新能源出力较小，地区电力供需出现紧平衡状态，气候风险的不确定性影响在新型电力系统源、荷两侧叠加，考验着新型电力系统承压能力。

面对上述挑战，应深刻认识电力保供和应急工作的极端重要性，完善应急预案，强化预警预控、协同联动、资源保障、防汛抗灾准备，积极应对极端天气和突发情况，进一步提高应急处置能力，保障电网安全运行和电力可靠供应。

综上，在电网出现保安全、保平衡、保消纳需求，且前述策略均已用尽后仍未完全解决时，受端省应用好电力应急调度等手段，从发电、用电两方面出发，采取"调整日发电计划""用户侧有序用电"这两类应急调度方式，确保用电高峰时段电力可靠供应。

（1）调整日发电计划　发电侧应急调度组织实施应统筹全网发电资源，通过优化省间、省内资源配置确保电网安全稳定运行，最大限度提升全网发供电能力。

当受端电网没有交易计划或省间交易计划周期超过一周时，如果预计当天的电网无法满足保供应需求，或者日内系统运行边界条件（如负荷预测、一次能源供应、来水预测、新能源出力等）发生重大变化导致电力供应缺口，那么在不影响送端电网正常电力供应的前提下，可以通过调整省内或省间的日发电计划来实施应急调度。

1）优先调整省内日发电计划。保供紧张地市根据实际电力需求和发电资源的可用性，对预先制定的日发电计划进行修正。当本地资源不足以满足电力供应需求时，应向省级电网申请调动其他地市的发电资源，以确保当地电力供应的稳定和可靠。

2）当省内日发电计划已无调整空间时，受端电网省级调度机构应通过书面或调度台录音电话等有效方式向国网总调提出申请更改省间送受电计划。具体实施手段包括：①对已有跨省跨区送受电日前计划或日内计划等调度计划进行调增或调减；②新增临时送电类别，即当月电力中长期交易计划中没有对应送受电主体，临时增加的送受电类别。通过这些措施，可以更好地统筹全网发电资源，优化省间、省内资源配置，确保电网的安全稳定运行，并提升全网发供电能力。

（2）用户侧有序用电　在面临电力供应短缺的预期时，即使采取了增加发电能力、优化市场运作和调整需求响应等多种手段，若仍无法实现电力供需的平衡，那么在用户侧则必须坚守"有序用电保底"的核心理念。通过实施行政指令和技术手段，依据法律法规对部分用电负荷进行合理控制，以确保供电和用电秩序的稳定与和谐。

面对不断涌现的新形势、新要求和新挑战，受端省份应遵循"先错峰、后避峰、再限电、最后拉闸"的编制原则，及时更新和完善迎峰度夏、迎峰度冬的有序用电方案。以保障经济稳定增长为核心目标，以保增长、保民生、保稳定为工作重点，将有序用电与产业结构调整、节能减排等政策紧密结合，统筹兼顾，有保有限，积极化解供用电矛盾，确保产业经济运行平稳。优先保障重要用户、民生相关企业、战略性新兴产业企业、"专精特新"中小企业、四新企业以及稳增长重点企业的用电需求，确保电网运行安全和供用电平稳有序。

在有序用电方案的实际执行过程中，作为需求侧管理的核心环节，有序用电根据不同的时间尺度，可以采取检修、轮休、紧急错避峰等一系列行政措施。这些措施旨在避免无计划的拉闸限电，规范用电秩序，将季节性和时段性电力供需矛盾对社会和企业的不利影响降到最低。通过这些措施，能够确保电力供应的稳定性和可靠性，同时减少对社会和经济活动的干扰。

在有序用电方案中，检修和轮休是由电力公司预先筛选出符合相关条件的用户，并提前进行决策规划。而紧急错避峰则主要通过在用电高峰时段削减用户的部分用电负荷，限制各用户的用电量，以平衡供需。然而，有序用电方案的编制工作量大，工作效率低，决策压力也很大。

4.3.2　市场化保供

1. 逐步推动电网公司主导下的省内部分电力市场用户的结算方式与省间交易价格联动，降低保供压力，在一定程度上减少省间、省内不平衡资金

当省内负荷处于高峰、省内电源供应不足时，受端电网需要在省间电力现货市场购买电能。当前省间电力现货市场的主要作用是为受端电网公司提供一个额外的购买优先发电量的渠道。在这一过程中，省间中标价格与省内售给电网代理购电用户、居民、农业等保障性用户的价格之间存在差异，这部分差异构成了省内、省间的不平衡资金。特别是在电力保供紧张的迎峰度夏和迎峰度冬时期，这种不平衡资金会显著增加。从根本上讲，这部分不平衡资金的产生主要是由于"外电不入市"的现象。目前，这部分不平衡资金主要由省内工商业用户承担，这实际上是将电网公司不经济的购电行为转嫁给了省内电力现货市场，使得工商业用户承担了电网公司不经济购电的责任，但这种做法并未得到用户的认可[7]。

为在一定程度上减少省间、省内不平衡资金，缓解保供压力，可在电网公司代理购电格局下，逐步推动省内部分能承受市场价格波动的大用户的结算方式与省间交易价格进行联动。即直接与送端电厂签订市场化交易合同，确定交易电价；在参与省间市场时，仍由电网公司代理购电，但结算时按照与送端电厂签订的市场化交易合同进行结算。

2. 引导用户侧可调资源参与市场化调节，提高安全保供能力

受端大省大多也是用电大省，当在省间电力现货市场购电量无法满足省内电力缺口时，应及时引导用户侧可调资源参与市场化调节，激励具有调节潜力的用户参与电力系统调节，更好地发挥其在电力保供中的积极作用。

引导用户侧可调资源参与市场化调节是解决电力供给经济性与可靠性两难问题的有效方式。用户侧可调资源参与市场通过相对独立的平台，如智慧能源服务平台甚至省级电力公司面向用户的信息服务平台等组织，将特定时间经营主体发、用电负荷变化结果通知电力公司，并通过独立资金来源给予用户补偿。

当前，用户侧可调资源参与市场可分为基于价格和基于激励两种。

（1）价格型　基于价格的用户侧可调资源参与市场主要是指通过价格信号引导用户主动调整用能习惯，电力现货市场连续运行的地区通过电力现货市场连续的价格信号引导市场化工商业用户调整自身用能需求；电力现货市场未运行的地区则主要以分时电价、峰谷电价、阶梯电价等行政手段为主。

2024 年，某受端省发布《关于调整工商业分时电价有关事项的通知》，调整工商业分时电价，对优化峰谷时段设置、调整峰谷浮动比例等方面作出详细规定。在峰谷时段设置方面，夏季（6~8 月）、冬季（1 月、2 月、12 月）各执行每天 8 小时的高峰（含尖峰）时段（16：00—24：00），其中尖峰时段为 1 月和 12 月的 17：00—19：00，7 月和 8 月的 20：00—23：00；低谷时段为 0：00—7：00，其他时段为平段。3~5 月和 9~11 月，高峰时段为 16：00—24：00，低谷时段为 0：00—6：00、11：00—14：00，其他时段为平段。在调整峰谷价比方面，全年高峰、平段、低谷浮动比例统一调整为 1.72：1：0.45，尖峰浮动比例为高峰浮动比例的 1.2 倍。

分时电价政策的调整发挥了一定的削峰填谷作用。考虑到午间光伏出力将较大缓解电力保供压力，分时电价政策仍将引导负荷由晚高峰向午高峰转移。以 2024 年夏大负荷日为例，新版分时电价在午间（10：00—14：00）表现为"峰（尖）转平"，负荷将会抬升；在晚间（15：00—17：00，21：00—23：00）表现为"平转峰（尖）"，负荷将会削减。经测算，在晚间"平转峰（尖）"时段，负荷削减取最小值约 200 万 kW。

（2）激励型　基于激励的用户侧可调资源参与市场执行程序一般包括响应启动、邀约确认、响应执行、过程监测、效果评估、结果公示、资金发放等环节。参与需求响应的主体由各省市（地区）根据自身用户结构及特点进行确定，一般要求其具有独立的电力营销户号，具备完善且运行状态良好的负荷管理设施及用户侧开关设备，同时可实现电能在线监测的用户也可以参与，包括分布式储能、具备快速响应能力的大型耗能用户（如钢铁、水泥、冷库等）、移动通信基站、电动汽车充电桩运营商，符合国家相关产业政策和环保政策的工业企业、商业综合体、大型商场、写字楼等非工用户。此外，可中断负荷也包含在需求响应之中，由电网企业视系统运行情况调用，并按标准给予补偿。

当前，空调负荷管理已成为受端省重点关注的激励型需求响应，国网公司空调负荷管理能力专项行动方案指出，要深挖不同群体空调负荷用户调节潜力，做实做精做大可调资源库。确保高压商业和公共机构空调负荷 100% 接入新型负荷管理系统，调节能力达到其空调负荷的 15% 以上。2024 年某受端省下达目标为 100 万 kW（2023 年该省工商业降温负荷约 1600 万 kW），若 2025 年和 2026 年空调管理能力分别提升至 150 万 kW 和 200 万 kW，则供应缺口可以得到基本保障。该省"十三五"以来降温负荷对负荷增长的贡献超过八成，2023 年该省度夏大负荷时段降温负荷占比已突破 50%（全国约 30%），成为造成保供困难的关键因素。

因此，建议受端省政府出台空调负荷管理专项支持政策，推动形成由政府部门牵头主导、电网企业组织实施、电力用户配合、行业主管部门监督的工作模式，提升空调负荷管理能力，将空调负荷调节作为负荷管理优先措施，明确调节范围、量化调节目标。健全空调负荷参与电力供需平衡的补贴机制，提高用户参与调节意愿，推动用户加大空调负荷改造力度，推动党政机关示范开展空调负荷管理。

综上，对于市场机制发挥作用后仍存在的电力缺口，用户侧可调资源参与市场方式展现出良好的经济性和灵活性，应优先作为一种有效的电力系统调节手段。

4.3.3　计划指令与市场协同的一体化保供策略

依据电力供需情况，灵活制定相适应的计划指令与市场协同的一体化保供策略，具体流程如图 4-12 所示。

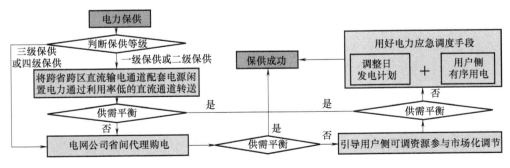

图 4-12　计划指令与市场协同的一体化保供流程

（1）判断保供等级　依据电力保供紧张程度，将保供等级划分为一级保供、二级保供、三级保供和四级保供四个等级，各等级的应用场景以及保供措施见表 4-6。

表 4-6　各保供等级具体情况

保供等级	应用场景	保供措施
一级保供	国家重要政治活动、重大节假日、极端天气或自然灾害等特殊情况	采取一切必要手段确保电力供应的稳定和安全,包括加强设备巡检、优化调度运行、严格控制负荷等
二级保供	电力供需紧张、设备故障风险较高等情况	加强设备监控和维护,及时处理潜在的安全隐患,确保电力供应的连续性和稳定性
三级保供	日常运行中采取的一种常规保供措施	按照既定的运行计划和调度规则,确保电力供应的正常进行
四级保供	电力供需相对平衡、设备运行状况良好的情况	保持正常的运行和调度模式

若保供等级评估为一级或二级，则说明此时电力供需比较紧张，进入第（2）步。若保供等级评估为三级或四级，则说明此时电力供需相对宽松，进入第（3）步。

（2）将跨省跨区直流输电通道配套电源闲置电力通过利用率低的直流通道转送　当电力保供紧张时，首先采取计划指令式保供手段，充分发挥省间输电通道送电能力，将跨省跨区直流输电通道配套电源闲置电力通过利用率低的直流通道转送，缓解电力保供压力。若省内电力供需平衡，则保供任务完成；若供需尚不平衡，则进入第（3）步。

（3）电网公司省间代理购电　省内部分电力市场用户的结算方式与省间电力交易价格联动　在电力现货市场建设阶段，省级电力公司作为省间交易商代理省内用户参与省间电力交易。为充分利用省内外的电力资源，电网公司应综合决策其所在省在省间电力交易的购电需求，完成省间购电工作，进行市场化保供。为减少省间-省内不平衡资金，降低外来电力波动性，在电力现货市场稳定运行阶段，逐步推动省内部分可承受电价波动的市场用户的结算方式与省间交易价格联动。若省内电力供需平衡，则保供成功；若供需尚不平衡，则进入第（4）步。

（4）引导用户侧可调资源参与市场化调节　当电网代理购电仍无法满足省内电力需求时，继续叠加市场化保供手段，引导用户侧可调资源参与市场化调节。若省内电力供需平衡，则保供成功；若供需尚不平衡，则进入第（5）步。

（5）用好电力应急调度手段　采取上述一系列措施后，若省内电力仍有缺口，则积极启动计划指令式保供紧急措施，即电力应急调度，包括调整日发电计划、用户侧有序用电等。

通过上述一系列措施，受端电网在电力保供一体化工作方面应全面考虑、多方协调，以确保电力的安全、稳定和可靠供应。

4.4 计划指令与市场化手段协同的受端省一体化保供模型

本节基于4.3节所提出的基于受端省计划指令与市场协同的保供策略，将计划指令式保供与市场化保供有机结合，建立基于计划指令与市场协同的电力交易/保供一体化优化模型。

4.4.1 模型架构

依据4.3.3节提出的计划指令与市场协同的一体化保供流程，设计基于计划指令与市场协同的电力交易/保供一体化优化模型架构，如图4-13所示。

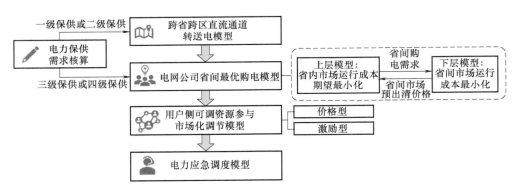

图4-13 基于计划指令与市场协同的电力交易/保供一体化优化模型架构

（1）电力保供需求核算 受端省电网公司调度中心核算省内电力保供需求，判断当前保供等级。

（2）跨省跨区直流通道转送电模型（计划指令式保供） 当判定为一级保供或二级保供时，为保证跨省跨区输电通道容量可充分利用，最大化吸纳外来电力，将跨省跨区直流输电通道配套电源闲置电力通过利用率低的直流通道转送，建立模型测算其对受端省电力的补充情况。若供需平衡，则可直接输出保供方案；若仍存在电力缺口，则计算新的电力保供需求，使用电网公司省间最优购电模型。

（3）电网公司省间最优购电模型（市场化保供） 当判定为一级保供或二级保供时，若青豫直流转送电能模型无法满足省内电力缺口，则继续通过市场化方式进行电力保供。当判定为三级保供或四级保供时，可直接采取市场化方式保障电力供应。

考虑到省间电力交易结果对省内市场运行具有边界影响，且省间出清结果受到省内交易预出清过程的制约，本节将受端省电网公司参与省内市场与省间市场的出清模型划分为上下层问题。图4-14构建了一个针对电网公司的电力交易与保供一体化的双层优化模型。在此模型中，上下层之间传递的决策变量包括电网公司申报的购电需求以及省间市场的预出清价格。

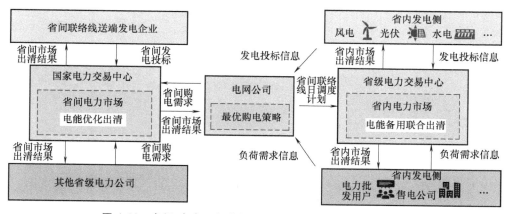

图4-14　省间-省内两级市场下电网公司省间代理购电框架

1）省内各类发电机组需向电网公司提交参与市场交易的投标信息，同时，省内各售电公司和电力批发用户也需向电网公司上报用电负荷需求信息。

2）电网公司根据发电投标信息、负荷需求信息以及新能源出力与负荷需求的预测情况进行上层优化，并以最小化省内市场的运行成本为目标。通过这一过程，电网公司确定其省间购电需求，并将相关信息上报至国家电力交易中心。

3）国家电力交易中心负责运行省间电力市场，利用下层优化模型，以最小化省间市场运行成本为目标，为满足电网公司的购电需求，组织省间联络线送端的各类发电机组参与省间交易，并对电网公司的购电需求做出初步响应，而后将省间预出清价格反馈给电网公司。电网公司根据省间预出清价格进行调整，并向国家电力交易中心发送新的购电需求。在优化过程中，各层优化结果相互交替迭代，最终形成电网公司的最优购电需求，并上报国家电力交易中心。

4）在交易结果出清后，国家电力交易中心形成各联络线的日调度计划。

5）以联络线日调度计划作为边界条件，省级电力交易中心运行省内电力市场，进行电能与备用的联合出清。

电网公司制定最优购电方案后，若省内供需平衡，则保供工作结束；若电力供不应求，则启动用户侧可调资源参与市场化调节模型。

（4）用户侧可调资源参与市场化调节模型（市场化保供）　用户侧可调资源参与市场化调节包括价格型与激励型两种方式。前者包含的负荷通常对电价变化敏感，用户根据电价的高低调整自己的用电行为。后者与空调负荷用户提前签订协议，实施激励性补偿政策，可以促进用户参与系统调度。

（5）电力应急调度模型（计划指令式保供）　当省内用户侧可调资源参与市场调节空间用尽仍存在电力供应缺口时，使用电力应急调度模型，保障电网安全稳定运行。电力应急调度模型以最小化系统运行成本为目标，系统运行成本包括发电成本、切负荷成本等。

4.4.2　基于计划指令与市场协同的电力交易/保供一体化优化模型

设时段 t 受端省电量缺额为 P_t，建立基于计划指令与市场协同的电力交易/保供一体化模型如下：

1. 保供等级划分

保供形势与电力供应量与需求量之间的关系密不可分，可用电力供需比来定量描述。因此，引入电力供需比 β 划分保供等级，具体计算方式如下：

$$\beta = \frac{发电能力}{用电需求} \tag{4-1}$$

当 $\beta<1$ 时，说明电力系统供电不足；当 $\beta=1$ 时，说明电力系统供需平衡；当 $\beta>1$ 时，说明电力系统供电过剩。

电力保供对应 $\beta<1$ 的情景，可对 β 值进一步细化、形成保供等级判断标准，见表4-7。

表 4-7　电力保供等级划分标准

β 取值	对应保供等级	说明
$\beta<0.7$	一级保供	极端天气或自然灾害等特殊情况下启动最高级别的保供措施
$0.7<\beta<0.8$	二级保供	通常在电力供需紧张情况下启动
$0.8<\beta<0.9$	三级保供	采取日常运行中的常规保供措施
$0.9<\beta<1$	四级保供	采取较为宽松的保供措施

2. 跨省跨区直流通道转送电模型

设时段 t 跨省跨区直流通道转送电量为 $P_{\mathrm{DC},t}$，则有

$$P_t - P_{\mathrm{DC},t} = P_t^1 \tag{4-2}$$

式中，P_t^1 为经跨省跨区直流通道转送后受端省的电量缺额。若 $P_t^1 = 0$，则保供成功；若 $P_t^1 \neq 0$，则启用电网公司省间最优购电模型，通过市场化手段继续进行保供。

将跨省跨区直流输电通道配套电源闲置电力通过利用率低的直流通道转送时，需满足以下约束：

$$0 \leqslant P_{\mathrm{DC},t} \leqslant P_{\mathrm{QY},t}^{\max} \tag{4-3}$$

$$0 \leqslant P_{\mathrm{DC},t} \leqslant P_{\mathrm{TZ},t}^{\max} \tag{4-4}$$

式中，$P_{\mathrm{QY},t}^{\max}$ 为 t 时段转送电能的跨省跨区直流通道最大传输能力；$P_{\mathrm{TZ},t}^{\max}$ 为 t 时段被转送电能的跨省跨区直流通道最大闲置电量。

3. 电网公司省间最优购电模型

为了建立受端电网公司省间最优购电决策的双层优化模型，采用如图 4-15 所示的模型结构。在上层模型中，计算省内市场的运行成本，包括省间购电成本、省内机组出清电能成本以及备用成本的总和。模型优化目标是最小化省内市场运行成本的期望值，通过这一过程，可以确定省间购电需求。在下层模型中，省间市场以最小化省间市场运行成本为目标，即最小化省间联络线送端机组的出清电能成本，以满足省间交易商的购电需求，并形成省间市场的预出清价格[6]。

省内电力市场　　　　上层模型：省内市场运行成本最小化

优化目标：
min：省内机组出清电能×省内机组电能报价+省内机组出清备用容量×省内机组出清备用容量报价+省间市场购电电能×省间市场出清电价
约束条件：电力平衡约束，备用容量约束，机组爬坡约束，机组出力约束

受端电网

省间购电需求

省间市场预出清价格

省间电力市场　　　　下层模型：省间市场运行成本最小化

优化目标：
min：省间联络线送端机组电能报价×省间联络线送端机组出清电能
约束条件：省间联络线电力平衡约束，省间联络线传输容量约束，送端机组参与省间交易容量约束

国家电力交易中心

图 4-15　受端电网公司购电决策双层优化模型

（1）上层省内市场优化模型　上层模型以最小化省内市场运行成本为目标，即目标函数为

$$\min O_{\mathrm{c}} = \sum_{t=1}^{T} \left\{ \sum_{n=1}^{N} \left(q_{\mathrm{G}}^{n} P_{\mathrm{G},t}^{n} + q_{\mathrm{R}}^{n} P_{\mathrm{R},t}^{n} \right) + p_{t}^{\mathrm{IP}} P_{\mathrm{D},t}^{\mathrm{IP}} \right\} \tag{4-5}$$

式中，O_{c} 为省内市场运行成本；N 为省内的发电机组数量；q_{G}^{n} 和 q_{R}^{n} 分别为省内发电机组 n 的电能报价和备用容量报价；$P_{\mathrm{D},t}^{\mathrm{IP}}$ 为时段 t 省间交易商在省间市场的购电量；p_{t}^{IP} 表示省间市场在时段 t 的出清价格；$P_{\mathrm{G},t}^{n}$、$P_{\mathrm{R},t}^{n}$ 分别为省内发电机组 n 在时段 t 的出清电能与备用容量。

上层优化模型的约束条件具体如下：

1）电力平衡约束。

$$\sum_{n=1}^{N} P_{\mathrm{G},t}^{n} + P_{\mathrm{D},t}^{\mathrm{IP}} + P_{t}^{2} - \sum_{m=1}^{M} P_{\mathrm{D},t}^{m} = 0, \forall t \in T \tag{4-6}$$

式中，$P_{\mathrm{D},t}^{m}$ 为电力用户 m 在时段 t 的负荷需求；M 为省内的电力用户数量；P_{t}^{2} 为经电网公司在省间市场购电后受端省的电量缺额。若 $P_{t}^{2}=0$，则保供成功；若 $P_{t}^{2} \neq 0$，则启用用户侧可调资源参与市场化调节模型，通过市场化手段继续进行保供。

2）备用容量约束。

$$\sum_{n=1}^{N} P_{\mathrm{R},t}^{n} - \alpha \cdot \sum_{m=1}^{M} P_{\mathrm{D},t}^{m} \geqslant 0, \forall t \in T \tag{4-7}$$

式中，α 为省级电网的备用系数。

3）机组爬坡约束。

$$\begin{cases} P_{\mathrm{G},t+1}^{n} - P_{\mathrm{G},t}^{n} \leqslant P_{\mathrm{G}}^{n,\mathrm{U}}, \forall t \in T, \forall n \in N \\ P_{\mathrm{G},t+1}^{n} - P_{\mathrm{G},t}^{n} \geqslant -P_{\mathrm{G}}^{n,\mathrm{D}}, \forall t \in T, \forall n \in N \end{cases} \tag{4-8}$$

式中，$P_{\mathrm{G}}^{n,\mathrm{U}}$、$P_{\mathrm{G}}^{n,\mathrm{D}}$ 分别为发电机组 n 的爬坡上、下限。

4）机组出力约束。

$$\begin{cases} P_{\mathrm{G},t}^{n} + P_{\mathrm{R},t}^{n} \leqslant \overline{P_{\mathrm{G}}^{n}}, \forall t \in T, \forall n \in N \\ P_{\mathrm{G},t}^{n} + P_{\mathrm{R},t}^{n} \geqslant \underline{P_{\mathrm{G}}^{n}}, \forall t \in T, \forall n \in N \end{cases} \tag{4-9}$$

式中，$\overline{P_{\mathrm{G}}^{n}}$、$\underline{P_{\mathrm{G}}^{n}}$ 分别为发电机组 n 的出力上下限。

（2）下层省间市场优化模型　在受端电网公司确定省间的购电需求之后，省间市场将在确保电力系统负荷平衡、机组运行限制以及电网安全限制得到满足的前提下进行运作。该市场的优化目标是最小化省间联络线送端机组的发电成本，通过这一过程实现优化出清。因此，省间市场模型实际上是一个纳入了安全

约束的经济调度模型。下层模型的目标函数为

$$\min \sum_{t=1}^{T} \sum_{j=1}^{J} \sum_{n=1}^{N^j} \left[\left(q_t^{n,\mathrm{IP}} + l_t^{j,\mathrm{IP}} \right) P_{\mathrm{G},t}^{n,\mathrm{IP}} \right] \tag{4-10}$$

式中，J 为通过省间联络线相连的送端省份数量；N^j 为送端省份 j 的发电机组数量；$q_t^{n,\mathrm{IP}}$ 为送端省份 j 中发电机组 n 参与省间交易的报价；$l_t^{j,\mathrm{IP}}$ 为送端省份 j 的省间交易输电价格；$P_{\mathrm{G},t}^{n,\mathrm{IP}}$ 为送端省份 j 中发电机组 n 的省间交易出清电能。

下层优化模型的约束条件具体如下：

1）省间联络线电力平衡约束。

$$\sum_{j=1}^{J} \sum_{n=1}^{N^j} \left(1 - \delta^j \right) P_{\mathrm{G},t}^{n,\mathrm{IP}} = P_{\mathrm{D},t}^{\mathrm{IP}}, \forall t \in T, \forall n \in N^j \tag{4-11}$$

式中，δ^j 为与送端省 j 相连的省间联络线传输损耗。

2）省间联络线传输容量约束。

$$\underline{C_{\mathrm{ATC}}^j} \leqslant \sum_{n=1}^{N^j} P_{\mathrm{G},t}^{n,\mathrm{IP}} \leqslant \overline{C_{\mathrm{ATC}}^j}, \forall t \in T, \forall j \in J \tag{4-12}$$

式中，$\overline{C_{\mathrm{ATC}}^j}$、$\underline{C_{\mathrm{ATC}}^j}$ 为与送端省 j 相连的省间联络线的可用传输能力的上、下限。

3）送端机组参与省间交易容量约束。

$$\underline{P_{\mathrm{G},t}^{n,\mathrm{IP}}} \leqslant P_{\mathrm{G},t}^{n,\mathrm{IP}} \leqslant \overline{P_{\mathrm{G},t}^{n,\mathrm{IP}}}, \forall t \in T, \forall n \in N^j \tag{4-13}$$

式中，$\overline{P_{\mathrm{G},t}^{n,\mathrm{IP}}}$、$\underline{P_{\mathrm{G},t}^{n,\mathrm{IP}}}$ 为送端省 j 内发电机组 n 参与省间交易的容量上、下限。

下层模型出清得到的省间市场价格 p_t^{IP} 满足

$$p_t^{\mathrm{IP}} = \lambda_t, \forall t \in T \tag{4-14}$$

式中，λ_t 为下层等式约束的对偶变量。

4. 用户侧可调资源参与市场化调节模型

用户侧可调资源参与市场化调节对于系统供需两侧良性互动、平抑负荷曲线、减小风光等可再生能源出力的波动性等方面具有显著的优越性。因此在省间市场与省内市场的整体衔接优化运行中，引导用户侧可调资源参与市场化调节是必不可少的。用户侧可调资源参与市场化调节模型包括价格型模型与激励型模型。

（1）价格型　价格型调节方式通常涉及将一天中的时段根据省内用户的用能需求量进行分类，具体分为峰时、平时和谷时三种不同时段。然后，根据这些时段的不同需求，制定相应的用能价格，通过价格的变化来引导用户将高峰时段的用电需求转移至低谷时段。这种调节方式在实际应用中推广相对简单，容易被

需求侧用户接受。然而，其价格的制定和时段的划分相对固定，电网公司通过调整价格来引导用户改变用能需求时间，从而主动参与到负荷调整中，以实现系统运行的削峰填谷。整个周期的时间跨度较大，用能安排的灵活性较低。因此，需要根据价格型调节方式的历史数据进行回归分析，以得到需求侧负荷量与价格的弹性系数。这个系数用于反映价格变化引起用户用能需求时间变化的关系。负荷需求量与价格的弹性系数可以通过负荷需求量比价格的相对变化量来计算，从而求得需求侧负荷量。

$$\eta = \frac{\Delta q}{\Delta p} \frac{p}{q} \qquad (4\text{-}15)$$

式中，q 表示负荷需求量；p 表示用能价格；Δq 和 Δp 表示其相对变化量。

自弹性系数如式（4-16）所示，通过负荷需求量比实时价格变化量进而求得需求侧负荷量；交叉弹性系数如式（4-17）所示，通过负荷需求量比其他时刻的价格变化量进而求得需求侧负荷量。

$$\eta_{aa} = \frac{\Delta q_a}{\Delta p_a} \frac{p_a}{q_a} \qquad (4\text{-}16)$$

$$\eta_{ab} = \frac{\Delta q_a}{\Delta p_b} \frac{p_b}{q_a} \qquad (4\text{-}17)$$

式中，a、b 代表不同时段。因此，对于时段 $1 \sim n$，有

$$\left[\frac{\Delta q_1}{q_1} \quad \frac{\Delta q_2}{q_2} \quad \cdots \quad \frac{\Delta q_n}{q_n} \right]^{\mathrm{T}} = E_e \left[\frac{\Delta p_1}{p_1} \quad \frac{\Delta p_2}{p_2} \quad \cdots \quad \frac{\Delta p_n}{p_n} \right]^{\mathrm{T}} \qquad (4\text{-}18)$$

式中，E_e 为需求侧负荷量与价格弹性矩阵。

$$E_e = \begin{bmatrix} \eta_{11} & \eta_{12} & \cdots & \eta_{1n} \\ \eta_{21} & \eta_{22} & \cdots & \eta_{2n} \\ \vdots & \vdots & \vdots & \vdots \\ \eta_{n1} & \eta_{n2} & \cdots & \eta_{nn} \end{bmatrix} \qquad (4\text{-}19)$$

$$q_z = q_n + \Delta q_n = \begin{bmatrix} q_1 & q_2 & \cdots & q_n \end{bmatrix} + \begin{bmatrix} q_1 & q_2 & \cdots & q_n \end{bmatrix} E_e \left[\frac{\Delta p_1}{p_1} \quad \frac{\Delta p_2}{p_2} \quad \cdots \quad \frac{\Delta p_n}{p_n} \right]^{\mathrm{T}}$$

$$\qquad (4\text{-}20)$$

式中，q_z 表示为需求侧调节后的负荷量；在需求侧调节前的 n 时段，q_n 表示为原始负荷量；经过需求侧调节后 n 时段，Δq_n 表示为调节后的负荷增量。

（2）激励型　激励型调节方式根据调节原理可分为两大类，即直接负荷调

节和可中断负荷调节。直接负荷调节是指电网公司与客户事先签订合同，对最终用户进行直接的负荷调节，并给予一定的经济补偿。可中断负荷调节是指供电公司在接到故障信号后，与客户提前签订合同，并及时切断可参与响应的负荷。在用电高峰期，智能电表将可中断负载信号发送给终端用户，用户响应后获得一定的经济补偿，如果用户不愿意参加响应，那么将按照合同约定承担相应的违约金。

$$\begin{cases} 0 \le l_h \le L_h - L_{h-1} \\ P_{\mathrm{DR}} = \sum_{h=1}^{H} l_h, 2 \le h \le H \\ C_{\mathrm{DR}} = \sum_{h=1}^{H} l_h p_h \end{cases} \tag{4-21}$$

式中，l_h 为可参与激励调节方式的负荷容量；p_h 为可参与激励调节方式的单位容量价格；P_{DR} 表示为可参与激励调节方式的全部容量；C_{DR} 表示为激励调节方式运行总成本。通过与省内用户签订合同，以激励用户在电力高峰期间减少或转移负荷，合同中应包括总转移量或削减量、参与调节的时段、拒绝参与调节的违约金等内容。

5. 电力应急调度模型

电力应急调度模型是为了在电力系统出现紧急情况（如设备故障、自然灾害、异常负荷波动等）时，能够快速有效地调整电力系统的运行状态，确保电力供应的稳定和安全。以最小化系统运行成本为目标，建立电力应急调度模型如下：

（1）目标函数

$$\min C = \sum_{i \in G} C_i P_i + \sum_{j \in L} C_j \Delta P_j \tag{4-22}$$

式中，C_i 为第 i 台发电机单位出力的成本；P_i 为第 i 台发电机的出力；C_j 为切除第 j 个负荷单位容量的成本；ΔP_j 为第 j 个负荷的切除量。

（2）约束条件

1）功率平衡约束。

$$\sum_{i \in G} P_i + \sum_{j \in L} \Delta P_j = \sum_{k \in N} P_k \tag{4-23}$$

式中，P_k 为节点 k 的负荷需求。

2）线路容量约束。

$$|S_{ij}| \le S_{ij}^{\max} \tag{4-24}$$

式中，S_{ij} 为线路 ij 的功率；$S_{ij}^{\max}$ 为线路 ij 的最大传输容量。

3）发电机出力约束。

$$P_i^{\min} \leqslant P_i \leqslant P_i^{\max} \tag{4-25}$$

式中，$P_i^{\min}$、$P_i^{\max}$ 分别为第 i 台发电机出力的下限、上限。

4）备用容量约束。

$$\sum_{i \in G} R_i \geqslant R_{total}^{\min} \tag{4-26}$$

式中，R_i 为第 i 台发电机的备用容量；$R_{total}^{\min}$ 为系统总备用容量的下限。

4.5 案例分析

4.5.1 基础数据

2022 年，某受端省电力消费水平迅速提升，其增速近十年来首次高于平均水平，再加上高温、寒潮等极端天气频发将导致降温、取暖负荷超预期增长，使电力负荷尖峰特征更加突出，且到来时间异常之早、持续时间异常之长，使得电力保供形势异常严峻，7 月、8 月最大电力缺口甚至分别达到 100 万 kW 和 660 万 kW。

随着近年来全国统一电力市场建设的不断深入，该省电力保供形势由异常严峻逐渐趋于平缓，通过现有保供手段即可弥补电力缺口，未再出现如 2022 年 7 月、8 月此类严重缺电的特殊情况。

本节在不同保供等级下，各选取一个该省电力典型情景为例进行案例分析，见表 4-8。需要说明的是，认为某情景下 24h 中出现的最高保供等级即为该日保供等级。

表 4-8 典型情景选取

保供等级	场景属性	典型情景选取
一级	严重缺电情景	2022 年夏季大负荷
二级		2023 年夏季大负荷
三级	缺电可控情景	2023 年冬季大负荷
四级		2023 年新能源大发

各典型日风光荷曲线如图 4-16～图 4-19 所示。

该省跨省跨区直流通道 A 约有 1000MW 电力处于闲置，可由跨省跨区直流通道 B 转送。当前该省激励型负荷主要为空调负荷，补贴价格为 9 元/kW，2023 年夏季晚高峰调节潜力为 500MW。

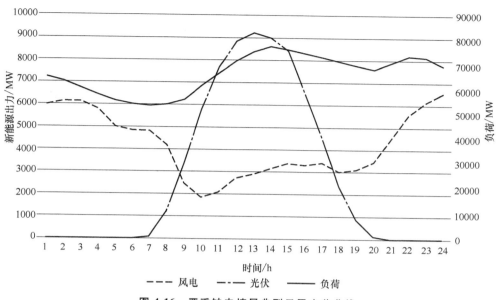

图 4-16　严重缺电情景典型日风光荷曲线

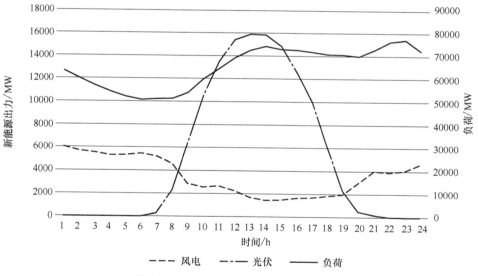

图 4-17　夏季大负荷典型日风光荷曲线

4.5.2　仿真结果

电力保供通常出现在晚高峰时段，因为此时光伏不再输出电能。因此，仿真时段设置为 19：00—24：00 晚高峰时段。调用 MATLAB CPLEX 求解各保供等级

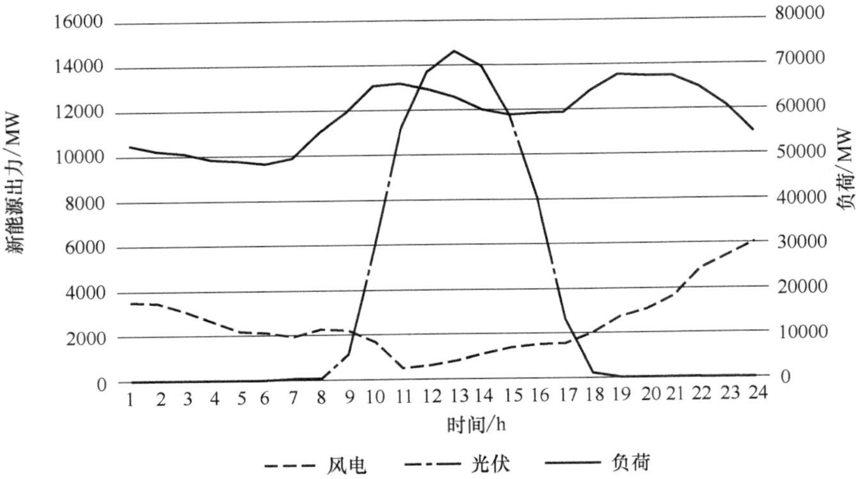

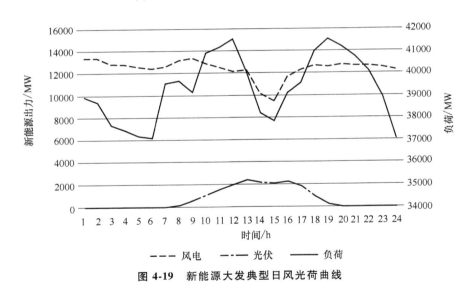

图 4-18　冬季大负荷典型日风光荷曲线

图 4-19　新能源大发典型日风光荷曲线

下不同策略的最优组合及其保供能力的最优利用率。

（1）一级保供　2022 年 8 月严重缺电情景最高保供等级达到一级，属于一级保供，各策略保供能力利用率情况如图 4-20 所示。

由图 4-20 可知，在 22：00，保供等级达到一级，需启动跨省跨区直流通道转送电能策略，且达到了该策略最大保供能力。此外，省间购电、用户侧可调资源参与市场两类市场化保供策略也达到了其最大保供能力。采取上述三类保供策略后，仍存在电力缺口，故继续实施应急调度策略。

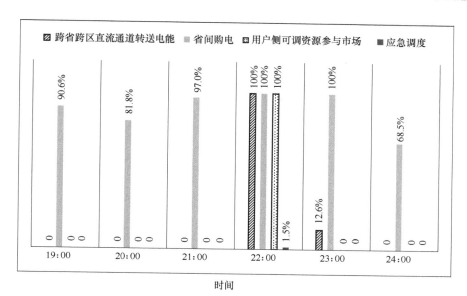

图 4-20　一级保供时各策略保供能力利用率

23：00，保供等级为二级，需启动跨省跨区直流通道转送电能策略，达到该策略最大保供潜力的 12.6%。省间购电方式 100% 发挥作用。通过以上两种方式，实现了供需平衡，不再需要启动用户侧可调资源参与市场方式和应急调度方式。

其他时段保供等级为三级，不需要启动跨省跨区直流通道转送电能策略，直接采用省间购电方式即可完成保供。其中，这期间省间购电方式保供能力利用率范围是 68.5%~97.0%。

综上，一级保供，即该受端省电力系统处于严重缺电情景时，"跨省跨区直流通道转送电能" 策略保供潜力利用率为 0~100%，"省间购电" 策略保供潜力利用率为 68.5%~100%，"用户侧可调资源参与市场" 策略保供潜力利用率为 0~100%，"应急调度" 策略保供潜力利用率为 0~1.5%。

（2）二级保供　2023 年夏季大负荷情景下，最高保电等级达到二级，属于二级保供，各策略保供能力利用率情况如图 4-21 所示。

由图 4-21 可知，22：00，保供等级达到二级，需启动跨省跨区直流通道转送电能策略，且达到该策略最大保供潜力的 61.1%，省间购电方式 100% 发挥作用。通过以上两种方式，实现了供需平衡，不再需要启动用户侧可调资源参与市场与应急调度方式。

23：00，保供等级为二级，需启动跨省跨区直流通道转送电能策略，其与省

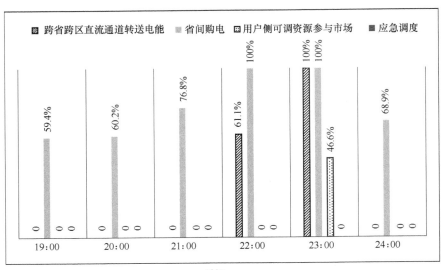

图 4-21 二级保供时各策略保供能力利用率

间购电方式均 100% 发挥作用。此外，用户侧可调资源参与市场策略此时达到其最大保供潜力的 46.6%。即此时通过"100% 青豫直流转送电能 +100% 省间购电 +46.6% 用户侧可调资源参与市场"三类策略组合保障了电力供需平衡。

其他时段保电等级为三级，不需要启动跨省跨区直流通道转送电能策略，直接采用省间购电方式即可完成保供，其保供能力利用率范围是 59.4%~76.8%。

综上，二级保供时，"跨省跨区直流通道转送电能"策略保供潜力利用率为 0~100%，"省间购电"策略保供潜力利用率为 59.4%~100%，"用户侧可调资源参与市场"策略保供潜力利用率为 0~46.6%，无需启动应急调度。

（3）三级保供 2023 年冬季大负荷情景下，最高保供等级为三级，属于三级保供，各策略保供能力利用率情况如图 4-22 所示。

由图 4-22 可知，此时需要省间购电方式即可完成保供，其保供能力利用率范围是 0~48.8%。

（4）四级保供 2023 年新能源大发情景下，最高保供等级为四级，属于四级保供，各策略保供能力利用率情况如图 4-23 所示。

此时，电力供需形势较为宽松，只需要通过省内电源即可完成保供。

4.5.3 仿真分析

根据上述结果，总结该省不同保供等级下各策略最优组合及其保供潜力的利

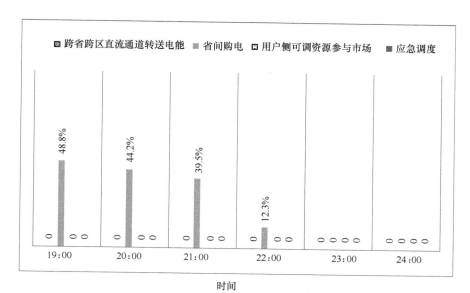

图 4-22 三级保供时各策略保供能力利用率

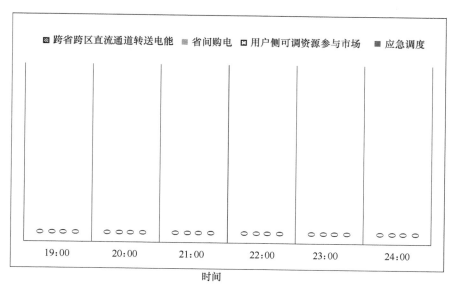

图 4-23 四级保供时各策略保供能力利用率

用率变动范围见表4-9,可为受端省电力保供工作提供一定参考。

综上所述,相比于现有省间、省内调度方式,本章所提的计划指令与市场协同的保供策略打破了调度空间上的路径依赖,根据经济最优原则,实现不同保供等级下的最优策略组合。

表 4-9　不同保供等级下各策略最优组合及其保供潜力利用率范围

	策略保供能力利用率		一级保供	二级保供	三级保供	四级保供
1	计划指令式保供	跨省跨区直流通道转送电能	0～100%	0～100%	0	0
2	市场化保供	省间购电	68.5%～100%	59.4%～100%	0～48.8%	0
3		用户侧可调资源参与市场	0～100%	0～46.6%	0	0
4	计划指令式保供	应急调度	0～1.5%	0	0	0

4.6　本章小结

本章归纳了基于受端省保供一体化跨省跨区存在的问题并提出了相应应对策略。

首先,结合受端大省实际情况,提炼出两类受端省保供一体化面临的跨省跨区实际问题:一是保供紧张时段存在外来电采购困难、高价购电等问题;二是外来电力波动性和不确定性增加。

其次,针对性提出基于计划指令与市场协同的保供一体化跨省跨区应对策略,形成计划指令与市场协同的一体化保供流程,并建立基于计划指令与市场协同的电力交易/保供一体化优化模型。

最后,结合某受端省电力系统实际运行数据进行案例分析,得出该省不同保供等级下各策略最优组合及其保供潜力的利用率变动范围。案例结果进一步验证了相比于现有省间、省内调度方式,本章所提的计划指令与市场协同的一体化保供策略打破了当前调度空间上的路径依赖,根据经济最优原则,实现不同保供等级下的最优策略组合:一级保供等级下,综合采取跨省跨区直流通道转送电能+省间购电+用户侧可调资源参与市场+应急调度" 四类保供策略;二级保供等级下,综合采取跨省跨区直流通道转送电能+省间购电+用户侧可调资源参与市场" 三类保供策略;三级保供等级下,只需要市场化保供手段,即省间购电方式即可完成保供;四级保供等级下,不需要采取任何计划指令式或市场化保供策略,只需要通过省内电源调节即可完成保供。

参 考 文 献

［1］丁一，谢开，庞博，等. 中国特色、全国统一的电力市场关键问题研究（1）：国外市场启示、比对与建议［J］. 电网技术，2020，44（7）：2401-2410.

［2］孙培博. 考虑新能源消纳的区域电力市场交易模型研究［D］. 北京：华北电力大学，2022.

［3］国家电力调度控制中心. 电力现货市场实务［M］. 北京：中国电力出版社，2023.

［4］汤慧娣. 2023 年省间电力现货市场综述［EB/OL］.（2024-01-15）［2024-11-19］. https：//mp. weixin. qq. com/s/VCW0s7miCLwG_N-gwN1MVg.

［5］贺元康，刘瑞丰，陈天恩，等. 全清洁能源特高压青豫直流初期打捆外送模式［J］. 中国电力，2021，54（7）：83-92.

［6］郭立邦，丁一，包铭磊，等. 两级电力市场环境下计及风险的省间交易商最优购电模型［J］. 电网技术，2019，43（8）：2726-2734.

［7］代江，朱思霖，姜有泉，等. 基于虚拟交易商的省间电力现货交易机制研究［J］. 广东电力，2023，36（3）：13-22.

第 5 章

支撑火电兜底保障作用的双差异化容量成本回收机制

在我国双碳目标的引领下，提升新能源的发电占比是电力系统碳减排的重要途径之一，光伏、风电等新能源发电占比正在逐年不断提升，但新能源发电受天气和季节的影响较大，其固有波动性会给电力系统带来电力电量不平衡的严峻挑战，电力系统发电容量不足问题变得尤为显著，系统对灵活性资源的需求逐步扩大，传统机组退役造成的容量缺口如今也很难填补，新型电力系统的运营安全面临严峻挑战。

常规火电机组具备较强的备用能力和较快的爬坡速度等优势，是支撑以新能源为主体的新型电力系统安全稳定运行的优质调节资源。但是由于在新能源优先消纳以及保障性收购政策的共同作用下，常规火电机组的发电空间被严重压缩，面临着退市风险。针对火电机组运营困境，国家正在推行实施两部制电价政策来保障机组基本收益。全国各省份都在结合自身情况积极落实两部制电价政策，2024—2025 年多数省份通过容量电价回收固定成本的比例为 30% 左右，部分煤电功能转型较快的省份回收固定成本的比例为 50% 左右。这种确定性容量补偿方式在一定程度上制约了灵活性改造的积极性，并不能有效激励火电机组进一步提高调节性能。因此，在高比例新能源接入电力系统的市场环境下，亟需对现有容量成本回收机制进行优化，以助力火电机组高效回收固定成本。本章将结合国内容量成本回收机制实施现状，从常规火电机组固定成本回收需求以及对其灵活调节能力的激励两方面出发，建立能够兼顾成本回收及灵活调节能力的双差异化容量补偿方法，对现有容量补偿机制进行深入优化，从而更好地适应新型电力系统的发展需求。

5.1 容量成本回收的运作方式

在新型电力系统环境下，高比例新能源接入电力系统，为了保障机组固定成本的精准回收以及电力系统的发电容量充裕度，国际、国内电力市场都在结合自身实际情况制定相应的适应性机制来回收容量成本，并在不断地调整、完善回收方式。目前主要回收方式有借助于电能量市场回收、容量补偿机制回收、两部制电价机制回收、容量市场竞争回收四种方式。针对不同的市场情况，各国也进行了不同的实践。

5.1.1 借助电能量市场回收

目前，国际上采用的稀缺定价机制就是仅依靠单一的电能量市场来实现系统的容量成本回收，其主要是在系统电能和备用容量紧缺的情况下，允许电力现货市场短时的尖峰价格出现，发电侧可以通过高报价来响应系统供需紧张，从而回收固定成本，但稀缺定价机制的适用范围具有一定的局限性，主要适用于社会对高电价风险承受能力较强的地区。

5.1.2 容量补偿机制回收

目前我国电力现货市场刚刚起步，相关政策机制并不完善，仅依靠单一的电能量市场回收容量成本并不现实，在电力现货市场建设初级阶段，主要通过容量补偿的方式来回收容量成本。我国山东、广东等省份早在 2020 年就开展了容量补偿的试点工作，其容量补偿机制采取的是以收定支的方法，即首先明确在用户侧的收费标准，然后按照标准收费后分摊至发电企业。这种方法在用户侧的收费工作简洁易操作，在发电侧的收益水平能够可视化测算，发用双方对该方法的接受度都比较高。

5.1.3 两部制电价机制回收

在"双碳"目标驱动下，我国构建新型电力系统的步伐正在不断加快，新能源装机比重快速提升。能源转型不断深入推进的同时，对完善煤电计价方式也提出了要求，目前亟需调整煤电单一电量计价方式，通过容量电价稳定回收一部分成本。国家发展改革委、国家能源局也在 2023 年 11 月联合印发《关于煤电容量电价机制的通知》，决定对煤电价格格局进行优化调整，对煤电机组实行两部制电价机制，并明确了相关补偿细则，即通过容量电价的补偿方式来回收容量成本。目前各省份也在根据各自情况积极落实两部制电价政策，从而更好地回收火电机组容量成本，保障火电机组安全稳定运行。

5.1.4 容量市场竞争回收

煤电容量电价的出台，进一步完善了市场体系，电能的各种属性更加全面，不同板块间的收益更加均衡。当前我国已经构建了包含现货电能量市场、辅助服务市场、容量电价机制等的多层次市场体系。未来电力现货市场和容量机制应该同步设计，实现机制间的均衡和衔接，待电能量市场发展相对成熟，则可采用以市场竞争的方式形成容量价格，即容量市场的形式来回收容量成本。目前在国际上，英国、美国等国家已经通过容量市场开始实现容量成本的回收，并取得了实质性的效果。

5.2 国内外容量成本回收机制现状分析

5.2.1 容量成本回收机制的国际实践

国外电力市场的建设比较早，容量机制也相对较为成熟，容量成本回收机制的设计和选取主要由各地电力市场的运营模式、市场成熟度以及经济状况等多重因素综合决定。目前常用的成本回收机制可以划分为稀缺定价机制、战略备用机制、容量市场机制、容量补偿机制四类。

1. 稀缺定价机制

稀缺定价机制是容量成本回收机制中一种较为独特的机制，它并不是独立于电能量市场之外单独的成本回收机制，而是通过利用价格信号，赋予电能量市场回收部分成本的能力。具体地，稀缺定价机制通过不设市场价格上限或者设置较高的价格帽，在系统容量短缺时，允许电能量市场中出现远高于机组可变成本的尖峰价格，在较短的时间尺度利用高电价激发发电企业增加发电容量或减少用电需求，进而实现机组成本的回收。

目前，应用稀缺定价机制的地区包括美国得州、加拿大阿尔伯塔和意大利等，这些地区电力市场的共性反映了稀缺定价机制实施的基本特征：

1）用户侧对时段性高电价风险承受度较高。由于稀缺电价运行的自由度过高，几乎不存在行政干预行为，可能会出现市场出清价格飙升的现象，对用户侧的风险承受能力设置一定的门槛。

2）电力市场需建设健全的监管机制。由于该机制的行政干预力较小，监管机构需要理性识别时段性高电价的产生来源于市场供应稀缺，而非市场参与者通过物理持留等手段人为制造的系统容量短缺。完善的监管机制能够推动市场参与者提高透明度，加强市场信息披露，确保市场信息的公开对称，避免因信息不对称导致的市场操控行为。

3）电力市场具备一定的供需弹性。稀缺定价机制要求市场中蕴含足够的供需弹性，具备快速满足市场需求和市场环境变化的能力以及时实现市场平衡。

总的来说，稀缺定价机制对电力市场的发展成熟度要求较高，我国为了保障系统的安全稳定运行，对市场价格实施较为严格的风险管控，价格帽设置较为严格，市场透明度和市场监管力也有待提高。目前，稀缺定价机制在我国电力市场环境下实施的适用性和可行性不高。

2. 容量市场机制

容量市场机制是一种市场化的容量竞价机制，需要独立于电能量市场之外设立一个新的容量竞价市场。该机制基于长期平均成本竞争发现容量价格，实现公平化回收机组容量成本。在公平化回收各发电机组的成本、体现容量价值之外，在完全市场化竞价的环境下，该机制还能够形成稳定的投资信号，不仅能够保证短期备用容量供应，满足电力系统可靠性需求，还能长期拉动投资，对系统长期容量充裕度进行保障。

意大利、美国 PJM、英国的容量市场机制较为典型，积累了一定的实践经验，该机制的市场化程度较高，实施的基础特征有：

1）精准的需求预测能力。容量市场机制的建立需要对电力需求进行可靠准确的预测，包括短期灵活性备用需求和长期容量充裕度容量需求，需求预测偏差较大将会给市场带来错误的导向，造成供求不匹配的情况时有发生，影响电力系统的平衡。

2）较高的市场透明度。容量市场中发电主体需要足够透明的市场信息作为容量报价的参考，进而实现固定成本的合理回收。

3）较强的市场监管能力。容量市场机制中存在报价、出清等行为，需要配备较强的市场监管能力管理市场参与者的行为，维护市场秩序，避免滥用市场力的情况，确保价格信号的准确性。

由于新能源的快速发展，煤电、气电等机组利用小时数不断降低，仅靠电能量市场难以回收固定投资成本。2024 年 3 月初，美国得州电力市场向容量市场机制迈步，积极稳妥推进 PCM（容量机制方案）。得州电力可靠委员会（ERCOT）根据未来的可靠性预测并结合可靠性标准，确定可靠性履约证书（PCs）的规模，发电商承诺在供应紧缺时提供电力，其承诺提供的电力将以可靠性履约证书的形式分发给零售商,零售商可通过竞标或在远期市场和发电商双边交易中获得履约证书。最终,ERCOT 根据发电机组在高峰时段或可靠性风险最大时段的实际可用性来衡量发电机组是否履约。PCM 机制的设计类似于容量市场,通过容量机制(PCM)激励发电商在电力紧张时期供电,而不是通过单一的稀缺电价机制激励供电,以此来保障电力系统的安全可靠运行。

3. 容量补偿机制

容量补偿机制是一种在监管部门的指导下进行的行政化补偿手段,其核心是通过核算补偿标准以及确定可补偿容量,在容量交付年为发电企业提供容量补偿,以回收固定成本。在这个过程中,终端用户将根据最大需求容量而非实际用电量来支付相应的费用,区别于其余容量成本回收机制的是该机制对终端用户的价格影响是可控的。

目前,国际上智利、阿根廷已经积累了容量补偿机制的相关实施经验,与其他的容量成本回收机制相比,该机制的基本特征为:

1)机制设计复杂度不高、可操作性强。该机制无需增加额外的市场环节,与现存市场机制的兼容性较强,实施难度不大。

2)电源投资风险较低。容量补偿机制可以为火电等发电企业提供较为稳定的收入,稳定的容量价格可以形成长期有效的投资激励,避免系统发电容量在短缺和过剩之间周期性跳变现象的发生。

3)容量价值度量的准确性难以保证。虽然容量补偿机制能够简单直接为发电主体回收成本,但是该机制的良性实施建立在合理准确的设置补偿标准的基础上,补偿标准设置不科学将导致电力市场不平衡,资金规模进一步扩大。

总体而言,容量补偿机制作为一种过渡机制,其较高的可操作性、较低的电源投资风险以及可控的用户侧电价影响等特征适用于我国目前的电力市场发展阶段,但是为了保障机制实施的可持续性,下一步研究需要着重聚焦于补偿标准的设置、容量价值的度量等问题。

4. 战略备用机制

战略备用机制又称战略储备机制,该机制是在电能量市场之外由政府或者系统运营商额外配备备用容量资源,这些额外的备用容量资源一般由濒临退役或者停用的发电机组来提供,当日前电力市场价格超过某一阈值抑或是系统存在失负荷风险时,这些备用发电机组将被调用,来解决系统短时供电不足的问题。该机制要求这些备用机组不参与电能量市场,其收入来源于双方合约中政府或者系统运营商承诺的固定补偿以及电力用户支付的调用运行费用。

目前，芬兰、波兰、德国以及比利时等欧洲国家都引入了战略备用机制，结合这些地区的实践经验可以初步得出该机制实施的基本特征：

1）对电力市场的成熟度要求相对较低。该机制的本质是政府或者系统运营商与老旧退役机组之间的合约行为，只要存在供需平衡需求以及可提供备用的机组，理论上该机制都可以实施，对电力市场的市场化程度以及成熟度要求不高。

2）需要系统中蕴含较多老化或退役机组。具备一定量的老化或退役机组来储备备用容量是战略备用机制得以实施的前提条件。

3）对发电商投资行为的引导性较弱。签订战略备用合约的机组都无法参与电能量市场竞争获利，导致发电商因无法获得价格信号，其投资行为无法通过该机制得到正向的引导。

整体来看，我国具备引入战略备用机制的条件，但是目前我国煤电机组尚处于供电主力电源之一，退役老化的机组不多，同时，从电力市场的长远发展建设来看，战略备用机制只适用于作为初期的过渡辅助方式，最终需要对长期发电投资具有指导意义的市场机制来实现容量成本回收，进而在更长的时间尺度上保障系统的发电容量充裕度。

综上，国际上实际运营的电力市场，在如何保障系统的容量充裕度方面没有统一的答案，都是在结合各自的实际情况来制定适应性的政策机制，并不断地完善和调整，这是一个持续优化的过程。

5.2.2　容量成本回收机制的国内实践

2020 年颁布的《电容成本费用收回方式操作指导》规定了各地政府可结合实际情况确定适当的电容成本费用收回方式，并以建立电容成本补贴的方式启动[1]。当前在机制实际方面，由于我国电力市场建设还处于发展探索阶段，容量成本回收机制相对还不完善，所以目前仍采用相对简单实用的容量补偿机制。由政府部门制定容量补偿标准，并设计好价格传导机制，来实现对常规火电机组固定成本的回收。随着我国电力市场的不断发展，我国目前已经尝试开展不同类型的容量补偿机制，并开启了一系列实践工作。

2023 年 11 月，国家发展改革委、国家能源局联合印发《关于建立煤电容量电价机制的通知》，决定自 2024 年 1 月 1 日起建立煤电容量电价机制，对煤电实行两部制电价政策。为适应煤电向基础保障性和系统调节性电源并重转型的新形势，决定将现行煤电单一制电价调整为两部制电价。其中，电量电价通过市场化方式形成，容量电价水平根据煤电转型进度等实际情况逐步调整，充分体现煤电对电力系统的支撑调节价值，更好地保障电力系统安全运行，为承载更大规模的新能源发展奠定坚实基础[2]。

对合规在运的公用煤电机组实行煤电容量电价政策，容量电价按照回收煤电机组一定比例固定成本的方式确定。其中，用于计算容量电价的煤电机组固定成本实行全国统一标准，为 330 元/（kW·y）；2024—2025 年，多数地方通过容量电价回收固定成本的比例为 30% 左右，部分煤电功能转型较快的地方适当高一些；2026 年起，各地通过容量电价回收固定成本的比例提升至不低于 50%，各省容量电价详情见表 5-1。煤电容量电费纳入系统运行费用，每月由工商业用户按当月用电量比例分摊，由电网企业按月发布、滚动清算[2]。

表 5-1　省级电网煤电容量电价表

［单位：元/（kW·y），含税］

省级电网	容量电价	省级电网	容量电价
北京	100	河南	165
天津	100	湖北	100
冀北	100	湖南	165
河北	100	重庆	165
山西	100	四川	165
山东	100	陕西	100
蒙西	100	新疆	100
蒙东	100	青海	165
辽宁	100	宁夏	100
吉林	100	甘肃	100
黑龙江	100	深圳	100
上海	100	广东	100
江苏	100	云南	165
浙江	100	海南	100
安徽	100	贵州	100
福建	100	广西	165
江西	100		

注：2026 年起，云南、四川等煤电转型较快的地方通过容量电价回收煤电固定成本的比例原则上提升至不低于 70%，其他地方提升至不低于 50%。

1. 山东省

山东省是我国容量电价机制的先行者，首创容量补偿电价。早在 2020 年 4

月 30 日，山东省鲁发改价格〔2020〕622 号《关于电力现货市场容量补偿电价有关事项的通知》文件中就确定了容量补偿电价政策的实施。此后容量电价已经多番调整。

为与国家煤电容量电价政策接轨，2023 年 12 月 28 日山东省发展改革委、山东监管办、省能源局联合印发《关于贯彻发改价格〔2023〕1501 号文件完善我省容量电价机制有关事项的通知》，将现行市场化容量补偿电价用户侧收取标准由 0.0991 元/（kW·h）暂调整为 0.0705 元/（kW·h）。此次调整后，用户侧收取的容量电费进一步降低，这也意味着独立储能获得的补偿总额降低，经济性进一步降低。

2. 广东省

2020 年 12 月，广东省出台《广东电力市场容量补偿管理办法（试行，征求意见稿）》，要点包括：

1）将容量补偿费按照市场发电机组有效容量占所有市场发电机组的有效容积百分比补偿给各发电机组。

2）补偿对象为已参加市场化交换，并取得了与用户侧进行市场交换资质的省及以上调度机构所调管的燃煤、燃气机组。

3）根据各售电企业的当月价差、中长期合同外用电量和市场容量度电分摊标准向用户侧缴纳市场容量电费[3]。

2023 年 10 月 27 日，广东省发展改革委、国家能源局南方监管局印发《南方（以广东起步）电力现货市场建设实施方案（试行）》。文件提出，为促进储能电站等固定成本有效回收，研究建立容量补偿机制。容量补偿费用标准根据机组（电站）投资建设成本及市场运行情况进行测算，后续研究建立容量市场机制。

2023 年 12 月 28 日，广东省发展改革委、广东省能源局和国家能源局南方监管局印发了《关于我省煤电气电容量电价机制有关事项的通知》，明确在落实国家煤电容量电价机制的同时，结合实际，参考煤电容量电价机制，同步实施广东气电容量电价机制。文件规定，广东煤电容量电价为 100 元/（kW·y）（含税），气电容量电价水平暂定为 100 元/（kW·y）（含税）。广东的气电结束单一制上网电价，开启两部制电价。

5.2.3　容量成本回收机制经验总结

（1）因地制宜建立容量成本回收机制　国外成熟电力市场中，容量裕度通常不超过市场中需要的目标容量的 1.3 倍，多余的备用容量被视为无效容量。因此，我国各省应根据省内电力市场供需状况与运行状况，分阶段逐步建立完善容量保障机制。若供需比过高，则无需设计容量充裕度机制，通过能量市场和辅助服务市场价格竞争，逐步淘汰低效机组至合适的备用裕度后，再根据省内实际情况，建设适合的容量充裕度机制。市场建设初期可因地制宜着重建立容量补贴电价机制。容量市场适用于电能量市场和辅助服务市场较为完善的国家或地区，不太适合于当前中国电力市场建设初级阶段。目前煤电机组已全面进入市场，该阶段可重点解决煤电机组固定成本回收与投资激励问题，探索建立容量充裕度保障机制，体现含需求侧等各类资源的容量贡献[4]。

（2）做好容量成本回收机制与电能量市场的衔接　容量成本回收机制与电能量市场之间的关系相辅相成、联系密切。正是由于电能量市场采用边际定价机制，使得发电机组难以回收固定成本。因此，有必要建立容量成本回收机制，改善现有发电机组的经济回报，鼓励投资新的发电机组。从这个角度来说，容量成本回收机制是对电量市场的一种补充完善。同时，为了很好地跟踪市场现有容量供需情况，以决定所需达到的目标容量值，容量成本回收机制充裕度的确定需要参考电能量中长期市场和现货市场的历史数据进行仿真得到，两个市场相互耦合协同、动态相关。

（3）推进容量市场建设　容量市场机制是一种市场化程度较高的容量成本回收机制，它以容量作为标的物，以市场竞争的方式来形成机组的容量价值，最终通过市场出清实现对机组成本的回收。国际上容量市场的运行模式包括美国 PJM 地区的集中式容量市场和英国分散式容量市场两种。从国际实践上看，实行容量市场机制能够覆盖全品类电源，从而更加可靠、经济地保障中长期的发电容量充裕度和促进能源低碳化，以最经济有效的方式保障系统的安全稳定。因此，我国电力市场发展应借鉴国际先进经验，积极推进容量市场建设，即多种调节资源通过市场竞争形成容量价格，通过市场化手段形成的容量定价机制反映容量资源的差异化质量，引导资源向更高效、更环保的发电方式倾斜，为电力系统提供高性价比的容量保障服务，促进电力系统的可持续发展。

5.3　计及灵活调节性能的双差异化容量补偿机制

在高比例新能源渗透的电力系统环境下，由于新能源发电具有波动性、随机性等不稳定特征，从而给系统的灵活调节能力带来了很大挑战。火电机组具有较强的调节能力，常规火电机组灵活性的提升是电力系统调节能力提升的关键手段，然而长期以来缺乏合理的补偿机制，不利于机组改造成本的疏导，将会导致火电机组的调节价值难以得到充分发挥。

目前，随着新型电力系统的不断发展，单一的基于固定成本回收的容量补偿方式无法满足电力系统日益增长的需求，激励常规火电机组发挥灵活调节能力对消纳新能源、维持系统供需平衡以及提高市场运营效率而言都是至关重要的，亟需通过容量补偿机制激励火电机组的灵活改造，实施双差异化容量补偿机制，从而能够更好地满足新型电力系统的发展需求，具有深远意义。

5.3.1　双差异化容量补偿机制概述

双差异化容量补偿方法是一种包括保障型固定成本回收容量补偿和激励型灵活调节容量补偿两种补偿方式的市场机制，如图5-1所示。该方法适用于相对成熟稳定的电力市场，主要是在对机组固定成本回收的基础上，新增了对激励型灵活调节容量补偿方式的研究，该补偿方式旨在激励常规火电机组提供灵活调节能力，以应对电力系统中的波动和不确定性。

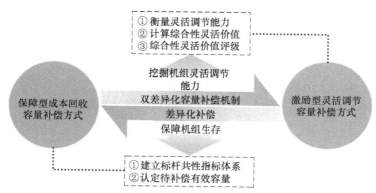

图 5-1　双差异化容量补偿方法设计框架图

（1）保障型成本回收容量补偿方式　该补偿方式旨在保障常规火电机组合理地补偿成本缺额，以保证机组持续为系统提供发电备用容量。具体将基于各类型机组的基数电量占比、市场化收益能力和非计划停运小时数等因素，度量各类型机组实际待补偿有效容量，以年为周期，差异化补偿给各机组。

（2）激励型灵活调节容量补偿方式　该补偿方式旨在激励常规火电机组提供灵活调节能力，以应对电力系统中的波动和不确定性。具体将基于各类型机组的灵活调节能力量化指标（如灵活调节容量、调节速度、可持续时间等），计算出机组的综合性灵活价值，再对综合性灵活调节价值进行评级，以评级结果为依据，以月为周期，差异化补偿给各机组。

5.3.2 成本回收目标对容量补偿机制的影响分析

随着我国电力市场的不断深入发展，不同阶段的成本回收目标需要制定适应性容量补偿机制来满足市场需求。目前，随着高比例新能源接入电网，电力现货市场价格波动较大，常规火电机组的发电利用空间在一定程度上缩小，收益减小，面临难以回收成本的局面。长期来看难以保证发电容量的充裕度。针对常规火电机组的成本缺额问题，容量成本有效回收机制能够以单位有效容量下的成本缺额均值作为容量补偿电价，通过容量价格兑现火电机组的安全保供价值，激发火电企业在供电紧张时的发电积极性，确保短期的保供容量供给和长期的可靠容量投资建设，确保机组成本缺额的回收，进一步激励火电资源的投资建设。

由于火电机组建设服役跨度时间长，针对常规火电机组固定成本（主要考虑投资建设成本）缺额的计算要考虑资金的时间成本，故决定采用净现值法（美国 PJM、智利电力市场采用）进行计算。净现值法是将一个投资项目未来现金流入和现金流出之间的差额，按照一定的折现率折现后得到各年的净现值，此法能够精准量化计算结果，且计算流程简单。

采用净现值法量化火电机组固定成本缺额的主要步骤如下：

1）确定火电机组建设项目每年的资金流入和资金流出，包括投资、运维等方面的现金流量。

2）确定服役周期内的折现率。

3）根据现金流量和折现率计算净现值。

4）计算出净现值法下火电机组的年化投资建设成本。

其中，净现值法计算表达式如下：

$$\mathrm{NPV} = \sum_{t=0}^{N} \frac{(\mathrm{CI} - \mathrm{CO})}{(1 + r)^t} \tag{5-1}$$

式中，NPV 表示项目总投资净现值；CI 表示项目第 t 年现金流入额；CO 表示项目第 t 年现金流出额；N 表示项目的持续年限；r 表示资金折现率。

根据式（5-1）可以推算出火电机组利用净现值法计算年化投资建设成本的公式

$$I_i = C_i^{\mathrm{inv}}\ \frac{r(1+r)^t}{(1+r)^t-1} \tag{5-2}$$

式中，I_i 表示机组类型 i 的单位容量年化投建成本折旧；C_i^{inv} 表示该类型机组的单位容量投资建设造价；r 表示贴现率；t 表示该机组类型的运营年限。

5.3.3　保障型成本回收容量补偿方式

当前阶段，我国电力市场容量补偿机制应着重于对于机组固定成本的回收，火电机组作为电力系统的基础性支撑调节电源，通过固定成本的回收，可以确保其在电力系统中的稳定运行，尤其在新能源发电波动性较大时，用来保障电力供应的稳定性。

保障型容量补偿方式首先要建立标杆共性指标体系，核算出各类机组的固定成本缺额；再引入三类修正系数，用于描述不同机组类型在基数电量、市场盈利能力以及非计划停运时间上的差异，通过修正系数将机组的装机容量修正为能够体现机组实际需要补偿的有效容量，来实现对不同类型机组的差异化补偿。

1. 建立标杆共性指标体系

建立标杆共性指标体系目的是计算出该补偿方式的容量补偿标准电价，指标体系中包含的数据指标如图 5-2 所示。标杆共性指标具有一定的普适性，代表着行业内、同一机组类型或者地区各指标的平均数据水平，一般以年为周期统一由行政部门更新，在实施周期内各指标可以直接用于补偿标准的计算。固定成本回收的容量补偿方式建立的标杆共性指标具体包括九个数据指标，可按类分为分机组类型数据指标以及分地区型数据指标。

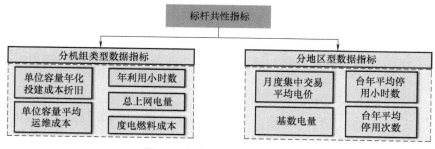

图 5-2　标杆共性指标体系图

（1）分机组类型数据指标　单位容量年化投建成本折旧、单位容量平均运维成本、年利用小时数、总上网电量、度电燃料成本。

（2）分地区型数据指标　火电机组月度集中交易平均电价、基数电量、台年平均停用小时数、台年平均停用次数。

2. 认定待补偿有效容量

基于固定成本回收容量补偿方式中的补偿容量与现行容量补偿机制的补偿容量不同，现行容量补偿机制往往选取市场化电量或机组装机容量作为补偿容量，而对固定成本差异化回收的容量补偿方式引入了待补偿有效容量的概念，即通过修正后实际需要补偿的容量。为了将不同机组类型在基数电量、市场化收益能力以及非计划停运小时数等方面的差异综合考虑进来，该补偿方式制定了三类修正系数。通过修正系数将机组可用装机容量修正为该补偿方式下的待补偿有效容量，相比较于传统的补偿容量，待补偿有效容量着重于考察机组实际需要成本回收的容量，这一步骤是容量补偿方式差异化回收机组固定成本的核心所在。

具体将待补偿有效容量定义为通过市场化电量修正系数、固定成本缺额修正系数以及容量充裕度修正系数修正后的机组装机容量。通过三个修正系数的修正，将机组通过基数电量回收的部分固定成本、在其余市场上的收益以及非计划停运时间等影响因素排除在该补偿方式的补偿范围之外。

（1）市场化电量修正系数 f_e。目前，中国电力市场的建设仍旧施行计划与市场并行的原则，市场化机组的上网电量由市场化电量和一定比例的基数电量共同构成，而基数电量在结算时采用标杆上网电价，标杆上网电价在定价过程中已经将机组的固定成本考虑在内，为了规避补偿的重复性，在基于固定成本回收容量补偿方式下应当将这部分基数电量排除在保障型补偿范围之外。基于固定成本回收容量补偿方式提出了市场化电量修正系数的概念，利用分机组类型数据指标中的总上网电量以及分地区性数据指标中的常规机组平均基数电量等指标，计算出市场化电量修正系数 f_e。

$$f_e = 1 - \frac{N_i E_{\text{base},i}}{E_{\text{on},i}} \tag{5-3}$$

式中，$E_{\text{on},i}$ 表示机组类型 i 的总上网电量；$E_{\text{base},i}$ 表示该机组类型的平均基数电量；N_i 表示机组类型 i 的总机组数量。

（2）固定成本缺额修正系数 f_c。该修正系数的设置旨在体现不同类型机组市场盈利能力的差异，主要通过将机组在其他市场回收的成本排除在补偿范围之外，实现对机组待补偿容量的进一步修正。具体的，通过年化投资建设成本、在电能量等市场的平均收益、年度发电成本以及年度运维成本计算得出某一机组类型的固定成本缺额，如式（5-3）的分子部分。

1）当固定成本缺额（分子）为正，且小于年化投资建设成本折旧（分母）

时，固定成本缺额系数小于1，这表明该机组类型的市场化收益较为充足，在该系数的修正下待补偿有效容量被适当缩小。

2）当固定成本缺额（分子）为正，且大于年化投资建设成本折旧（分母）时，固定成本缺额系数大于1，此时则说明机组的固定成本回收困难且市场收益难以覆盖年度发电成本以及年度运维成本，在该系数的修正下有效容量被适当扩大。

3）当固定成本缺额为负值时，表明该机组类型的市场化收益足以覆盖年化投资建设成本、运维成本以及发电成本，无需进行容量补偿，此时将固定成本修正系数归零。

该系数的设置实现了将机组待补偿有效容量随各机组类型成本回收需求动态修正调整的功能。

$$f_{c} = \frac{I_i V_{\mathrm{ins},i} + C_{\mathrm{o},m} + C_{\mathrm{p},i} - C_{\mathrm{m},i}}{I_i V_{\mathrm{ins},i}} \tag{5-4}$$

式中，I_i 表示机组类型 i 的单位容量年化投建成本折旧；$V_{\mathrm{ins},i}$ 表示机组 i 这一类型机组的装机容量总和；$C_{\mathrm{o},m}$ 表示机组类型 i 年度平均运维费用；$C_{\mathrm{p},i}$ 表示该机组类型下的平均年度发电成本；$C_{\mathrm{m},i}$ 表示机组类型 i 在电能量市场的年度平均收益。

（3）容量充裕度修正系数 f_a　如式（5-5）和式（5-6）所示，当机组在补偿周期内出现非计划停运情况时，会影响机组容量的实际可用率。实际可用有效容量贡献度减少，对应的待补偿有效容量也需要相应地降低。因此设置了容量充裕度修正系数进一步将机组不可用的容量排除在补偿范围之外，进而更精准地表征机组对系统容量充裕度的贡献程度。

$$f_a = \frac{\sum_{k=1}^{n_m} a_k}{n_m} \tag{5-5}$$

$$a_k = \begin{cases} 0, & \text{非计划停运状态} \\ 1, & \text{其他状态} \end{cases} \tag{5-6}$$

式中，n_m 表示第 m 年划分的时段总数；a_k 是机组在时段 k 的状态量。

综上所述，在以上三类修正系数的修正下，机组类型 i 的待补偿有效容量修正为

$$V_{\mathrm{ins},i}^{\mathrm{eff}} = f_a f_c f_e \sum_{j \in i} v_{\mathrm{ins},j} \tag{5-7}$$

式中，$V_{\text{ins},i}^{\text{eff}}$ 表示机组类型 i 下各机组的待补偿有效容量总和；$v_{\text{ins},j}$ 表示机组类型 i 中第 j 台机组的装机容量；f_a 为容量充裕度修正系数；f_c 为固定成本缺额修正系数；f_e 为市场化电量修正系数。最终获得的待补偿有效容量的大小乘以该类型机组一定比例的单位容量固定成本缺额，可以核算出差异化的保障型补偿费用，实现差异化回收不同机组类型部分成本的目标。

5.3.4　灵活调节需求对容量补偿机制的影响分析

在新型电力系统环境下，由于风电、光伏发电具有间歇性和波动性特征，因此在可再生能源渗透率提高后，需要更强的电力系统可控调节能力，系统灵活性需求迅速增加。在灵活性资源需求增加、供给不足的矛盾下，火电机组独特的发电特性以及较低的灵活性改造成本赋予了它新的使命，其正在逐步由过去的兜底保障的基础性电源向灵活备用的调节性电源转变。

常规火电机组灵活性的改造能够大幅度提升电力系统调节能力，然而由于长期以来缺乏合理的补偿机制，火电机组的灵活性调节能力不能充分发挥，在一定程度上制约了火电机组灵活性改造的积极性。因此需要设计合理的容量成本回收机制来体现常规火电机组的容量价值，灵活性较高的机组类型才能够获得合理的补偿，从而保障机组的收益，有利于机组进一步挖掘自身灵活性功能价值，为火电行业创造更多的生存空间，也进一步促进火电机组灵活性改造技术路线的整体优化。

目前的容量成本回收机制虽然能够在一定程度上帮助常规火电机组回收部分成本，但是其补偿标准较为简单粗暴，不能够精准化、差异化地对不同火电机组进行量化补偿。所以在高比例新能源渗透的新型电力系统大环境下，容量成本回收机制既需要考虑对火电机组固定成本的量化与补偿，更要充分考虑对火电机组的灵活调节价值量化与补偿。通过在实践中不断调整和完善容量成本回收机制来确保火电机组安全稳定的正常运行。

5.3.5　激励型灵活调节容量补偿方式

激励型灵活调节容量补偿方式是一种将差异化补偿作为激励手段激发常规火电机组提高灵活调节能力的新型补偿方式，该补偿方式的设计关键在于以下三个问题，如图 5-3 所示。

1）针对机组灵活性价值难以度量的问题，表征机组灵活调节能力的指标有哪些，如何量化评价。

2）针对多种灵活调节能力量化指标之间无法横向对比的问题，如何实现对机组整体灵活性价值的综合评价。

3）针对电力系统内海量的待补偿机组，如何根据机组的灵活性将其等级化划分，便于补偿费用的分发。

图 5-3 基于灵活调节激励的激励型容量补偿方式

1. 衡量灵活调节能力

对常规火电机组的灵活调节能力进行科学合理的衡量是激励机组发挥市场灵活调节潜力的前提。该方法依据常规火电机组平抑净负荷曲线波动的行为，选取了灵活调节容量、调节速度、可持续时间三个灵活性量化指标来度量机组的灵活调节能力。

（1）灵活调节容量 S 火电机组灵活调节容量可以根据调节方向分为向上灵活调节容量以及向下灵活调节容量，而激励型灵活调节容量补偿方式着重考察的是火电机组为电力系统提供负备用（即向下灵活调节容量）的能力。火电机组提供的负备用容量能够促进新能源消纳，避免弃风弃光，是新型电力系统中的稀缺性资源，也是系统所需要的灵活性资源。因此，在该补偿方式下，灵活调节容量特指火电机组降低出力至 50% 核准容量以下的可用容量，如式（5-8）所示。

$$S = 50\% P_{\mathrm{N}} - P_{\min} \tag{5-8}$$

式中，P_{N} 为机组的额定容量；$P_{\min}$ 为机组的最小出力容量。

（2）调节速度 V 调节速度反映常规火电机组通过快速爬坡填补净负荷曲线的出力空缺的能力，可将其定义为机组向上和向下爬坡速度的最小值，如式（5-9）所示。火电机组的调节速度具体与灵活性供给方向（向上供给/向下供给）、时间尺度和机组的运行工况有关。

$$V = \min\{R_{\mathrm{u}}, R_{\mathrm{d}}\} \tag{5-9}$$

式中，R_{d}、R_{u} 分别表示火电机组向上爬坡速度以及向下爬坡速度。

（3）可持续时间 T 可持续时间定义为火电机组在系统灵活性调节需求时段，以一定调节功率提供可调节容量所能持续的时间长度，如式（5-10）所示。

$$T = \frac{\sum S_t}{P_{\text{actual}}^{\text{flx}}} \qquad (5\text{-}10)$$

式中，S_t 为 t 时段机组的灵活调节容量；$P_{\text{actual}}^{\text{flx}}$ 为火电机组实际调节功率。

2. 计算综合性灵活价值

不同的灵活性量化指标可以从不同视角刻画机组的灵活性，然而，各个量化指标之间难以进行客观的横向对比，单一指标的量化结果也无法直接表明机组在系统中的综合灵活性价值，必须将多个量化指标的量化结果耦合，计算出机组的整体综合性灵活价值才能对机组的整体灵活性进行评判。首先，激励型灵活调节容量补偿机制将上述各项量化指标的观测数据进行归一化处理，在此基础上采用层次分析-熵权法对三个量化指标赋权，反映它们在系统灵活供应中的相对重要性，最后对赋权处理后的各项指标进行线性汇总，最终得到机组的综合性灵活价值，通过以上过程实现了利用多个灵活性量化指标对机组灵活调节价值进行综合评价的目标。

（1）数据归一化处理　数据归一化处理过程消除了火电机组三个灵活性量化指标在量纲单位以及变化区间数量级上的差异，采取的方法为常见的最大-最小归一化方法完成数据的归一化处理，计算公式如式（5-11）所示。

$$X_{kj} = \frac{x_{kj} - \min_j(x_k)}{\max_j(x_k) - \min_j(x_k)}, \; k = 1,2,3 \qquad (5\text{-}11)$$

式中，x_{kj} 为机组 j 第 k 个灵活性量化指标的观测值；X_{kj} 表示 x_{kj} 的归一化结果；$\max_j(x_k)$、$\min_j(x_k)$ 分别表示个体机组 j 所属机组类型中灵活性量化指标 k 的最大观测值以及最小观测值。

（2）赋权　该补偿方式参考了层次分析-熵权法，通过计算各项灵活性量化指标在实际衡量机组综合性灵活价值中的权重占比，反映各指标对机组综合灵活性的影响程度。层次分析-熵权法综合赋权的方式兼顾了主观视角和客观视角。在这种方法中，层次分析法体现了评价值对影响机组灵活性因素的主观判断，而熵权法则是通过对系统内火电机组各项指标的观测数据进行动态分析，得到较为客观的结果。在两种评价方法所得权重的基础上，引入拉格朗日乘子法，对两种方法计算出的权重系数进行综合赋权，计算公式如式（5-12）所示。

$$z_k = \frac{\sqrt[3]{p_k q_k}}{\sum_{m=1} \sqrt{p_m q_m}}, \; k = 1,2,3 \qquad (5\text{-}12)$$

式中，z_k 为指标 k 的综合权重系数；p_k 和 q_k 分别表示指标 k 在层次分析法和熵权法下的主观权重和客观权重。

（3）综合性灵活价值的计算　通过归一化处理和层次分析-熵权法的综合赋权，最终可以计算出一台机组的综合性灵活价值，式（5-13）为计算公式。

$$f_k = \sum_{k=1}^{n} z_k x_{kj} \times 100 \qquad (5-13)$$

式中，f_k 为机组 j 的综合性灵活价值评价得分；n 为评价指标的个数；x_{kj} 表示机组 j 第 k 个评价指标的归一化值。

3. 综合性灵活调节价值评级

电力系统中往往蕴含大量的火电机组，若根据各个机组的综合性灵活价值高低逐一来划分激励型容量补偿费用，那么工作量将十分巨大，不利于机制的落地实施。为了解决这一问题，基于综合性灵活价值的数值范围，将机组分为优质型、中等型和普通型灵活调节机组，在该补偿方式结算时可以直接按照三个灵活性等级进行差异化补偿，具体的分类见表5-2。

1）优质型灵活调节机组：系统在营常规火电机组中，各项指标综合得分较高的机组，其灵活调节容量大、调节速度快、可持续时间长，综合性灵活价值超过80。

2）中等型灵活调节机组：系统在营常规火电机组中，各项指标综合得分处于中等水平的机组，其灵活调节容量较大、调节速度中等、可持续时间较长，综合性灵活价值处于50~80范围内。

3）普通型灵活调节机组：系统在营常规火电机组中，各项指标综合得分处于较低水平的机组，其灵活调节容量较小、调节速度较慢、可持续时间较短，综合性灵活价值处于50以下。

表 5-2　常规火电机组灵活调节价值评级

灵活调节等级	灵活调节容量	调节速度	可持续时间	归一化综合性灵活价值	机组数量
优质型	大	快	长	80 以上	a
中等型	较大	中等	较长	50~80	b
普通型	较小	较慢	较短	50 以下	c

5.3.6　双差异化补偿资金分配原则

双差异化容量补偿机制首先根据净现值法确定系统整体补偿额度后，要根据火电机组的生存现状、系统对灵活性需求的紧张程度等多重因素，制定补偿额度因子，通过补偿额度因子将补偿金额分类划分为保障型补偿和激励型补偿两类。补偿额度因子 η 一般由相关部门以年为周期负责动态制定，主要用于反映系统对发电容量充裕度和灵活性充裕度需求的变化，针对不同时期的系统需求制定动态化的补偿额度因子，可以进一步实现对双差异容量补偿机制下两种补偿方式补偿力度的动态调整，使得机制的实施效果更符合系统的预期方向。通过补偿额度因子分类划分补偿资金总额的计算公式如下：

$$I_{\text{gua}} = \eta I \qquad\qquad (5\text{-}14)$$

$$I_{\text{flx}} = (1-\eta)I \qquad\qquad (5\text{-}15)$$

式中，I_{gua}、I_{flx} 分别表示保障型成本回收容量补偿方式和激励型灵活调节容量补偿方式的补偿资金总额；η 为成本缺额分摊系数。

保障型补偿资金用于确保基本的容量供应和系统稳定，激励型补偿资金则用于激励具备更高灵活性的火电机组参与市场运营。它们各自向下分级分摊补偿资金的方式也有所不同。保障型容量补偿资金的分摊主要依据机组贡献的待补偿有效容量的占比大小，即各类型火电机组的有效容量占系统总有效容量的比例，以此来反映不同类型火电机组的成本补偿需求差异。激励型容量补偿资金的分摊则要综合系统内机组的总体灵活调节等级，根据每个灵活性等级下机组平均综合灵活性价值在三类机组平均综合灵活性价值总和占比，基于机组灵活性功能价值的差异给予差别化阶梯式分段补偿。

5.4　基于双差异化容量补偿机制的算例分析

5.4.1　基础数据设置

为了验证本章设计提出的计及灵活调节性能的双差异化容量补偿机制对常规火电机组成本缺额回收的保障作用以及灵活调节能力的激励作用，本节以某地区的实际装机情况为参考，构建算例系统来反映常规煤电机组的成本构成、收益支出、出力范围、灵活调节等相关情况，并分析双差异化容量补偿方法成本缺额回收情况以及对机组提供灵活调节能力的激励情况，见表5-3。

5.4.2　双差异化机制的容量补偿额度

1. 保障型方式的容量补偿额度

（1）标杆共性指标数据设置　标杆共性指标分为分机组类型数据指标以及

分地区型数据指标两类，具体的数据设置见表5-4和表5-5。

表5-3 典型常规火电机组固定成本、发电成本及收入统计表

机组类型	装机容量/MW	服役年限	折现率（%）	单位容量造价/（元/kW）	度电燃料成本/[元/(kW·h)]	中长期市场成交电量/(kW·h)	月度集中交易平均电价/[元/(kW·h)]	基数电量/(kW·h)	基数电量电价/[元/(kW·h)]
典型燃煤机组	320	23	8	4324	0.27	1000000000	0.365	115200000	0.365
	660	15	8.38	3238	0.27	2200000000	0.365	237600000	0.365
	1030	13	8	3129	0.27	338221500	0.4533		

表5-4 分机组类型数据指标

机组类型/MW	单位容量造价/（元/kW）	单位容量运维费用/（元/kW）	年利用小时数/h	年度总上网电量/(kW·h)	度电燃料成本/[元/(kW·h)]
燃煤机组320	4324	260	3404	1004403378	0.27
供热机组660	3238	260	3580	2221651000	0.27
燃煤机组1030	3129	200	3552	3235010000	0.27

表5-5 分地区型数据指标

典型地区	月度中长期交易平均直接交易电价/[元/(kW·h)]	基数利用小时数/h	每台机组年平均停运利用小时数/h	每台机组年平均停用次数/次
豫南320	0.412	360	1200	6
豫南660	0.412	360	800	3
豫南1030	0.4532	3477	2085.1	5.5

（2）待补偿有效容量的认定 待补偿有效容量的认定是保障型容量补偿方式区分不同类型机组固定成本补偿额度的关键所在，在本节的算例情境下，通过上文设置的基础数据以及标杆共性数据，可以计算出三类机组三个修正系数的具体数值，进而得到三类机组实际的待补偿有效容量，计算结果见表5-6。

（3）补偿额度 经过上述标杆共性指标数据的设置以及待补偿有效容量的计算认定，在补偿强度因子的分配下，可以进一步计算出在基础算例情景下，各类型机组能够获得的保障型成本回收容量补偿额度，计算结果见表5-7。

表 5-6 各类机组待补偿有效容量

机组类型	市场化电量修正系数 f_e	固定成本缺额修正系数 f_c	容量充裕度修正系数 f_a	待补偿有效容量 /MW	补偿容量百分比
机组 A:320MW	0.885	0.908	0.647	166.37	51.991%
机组 B:660MW	0.893	0.846	0.777	387.42	58.701%
机组 C:1030MW	0.021	0.051	0.413	0.456	0.443%

表 5-7 各类机组保障型的容量补偿额度

机组类型	补偿额度/[元/(kW·y)]	机组类型	补偿额度/[元/(kW·y)]
机组 A:320MW	173.416	机组 C:1030MW	80.00
机组 B:660MW	181.808		

2. 激励型方式的容量补偿额度

（1）灵活调节能力的衡量 激励型灵活调节容量补偿方式补偿额度计算的关键在于衡量机组的灵活调节能力（各类机组灵活性指标见表 5-8），通过灵活调节能力的强弱来决定机组可获得的灵活性容量补偿的多寡。在基础算例下，补偿额度因子 η 设置为 0.8，即意味着剩余 20% 的固定成本可以通过机组的灵活性调节能力进一步回收。

表 5-8 各类机组灵活性量化指标数据表

机组类型/MW	灵活调节容量/MW	调节速度/(MW/h)	可持续时间/h
煤电 320	85	180	168
煤电 660	160	300	168
煤电 1030	309	600	持续

（2）综合灵活价值的计算以及灵活性等级的划分 经过归一化和赋权环节，得到各灵活性量化指标在描述机组综合性灵活价值时的权重，见表 5-9。接着，可以计算出各类机组的综合性灵活价值，见表 5-10。

表 5-9 机组灵活性量化指标赋权结果

灵活性量化指标	灵活调节容量 S	调节速度 V	可持续时间 T
层次分析法:主观权重	0.333	0.333	0.333
熵权法:客观权重	0.243	0.259	0.498
层次分析-熵权法:综合权重	0.289	0.298	0.413

表 5-10　各类机组综合灵活价值统计表

机组类型	综合灵活价值	灵活性等级
机组 A：320MW	0	普通型
机组 B：660MW	18.204	普通型
机组 C：1030MW	100	优质型

由机组灵活性等级的划分方式，机组 C 的三个灵活性量化指标（灵活调节容量、调节速度、可持续时间）的归一化观测值皆为三类机组的最高值，对应的综合灵活性价值达到 100，属于优质型调节机组；机组 A、B 的三个灵活性量化指标较低，属于普通型调节机组。

（3）补偿额度　通过灵活调节能力的衡量、综合灵活价值的计算以及灵活等级的划分，再进一步根据在营机组各灵活等级的总数量，最终可以计算出在激励型灵活调节容量补偿方式下，各机组类型具体的补偿额度，计算结果见表 5-11。

表 5-11　各类机组激励型灵活调节容量补偿额度

机组类型	补偿额度/[元/(kW·y)]	机组类型	补偿额度/[元/(kW·y)]
机组 A：320MW	0	机组 C：1030MW	52.95
机组 B：660MW	15.04		

经过上述分析计算，分别得出了保障型成本回收容量补偿以及激励型灵活调节容量补偿两种补偿方式的补偿额度，最终可以计算出双差异化容量补偿机制总补偿额度，计算结果见表 5-12。

表 5-12　各类机组双差异化容量补偿机制总补偿额度

机组类型	保障型成本回收容量补偿额度/[元/(kW·y)]	激励型灵活调节容量补偿额度/[元/(kW·y)]	总补偿额度/[元/(kW·y)]
机组 A：320MW	173.416	0	173.416
机组 B：660MW	181.808	15.04	196.848
机组 C：1030MW	80.00	52.95	132.95

5.4.3　补偿效果对比分析

在电力系统实际运行过程中，容量补偿的资金来源渠道往往相对有限。因此，可支配的补偿资金总额往往受到一定的限制，只有合理地分配容量补偿资金，才能在有限的补偿资金操作空间内实现更好的补偿效果。经过测算，对两种容量补偿方法的补偿额度进行对比分析，具体结果如图 5-4 所示。

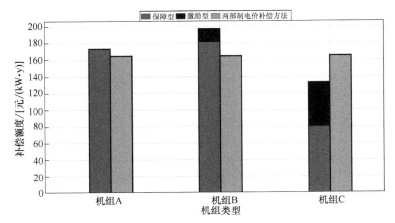

图 5-4　不同补偿方法下机组补偿额度对比示意图

区别于我国目前单一固定的容量补偿标准，双差异化容量补偿方法不仅能够差异化回收常规火电机组的成本缺额，而且能够激励常规火电机组主动进行灵活性改造，实现了对常规火电机组容量补偿方法的双重优化。算例仿真结果显示，机组 C 因其较强的市场盈利能力，在保障型容量补偿方式下获得的补偿很少，但由于自身灵活调节等级较高，获得的激励型容量补偿强度最大；机组 A 虽在保障型成本回收容量补偿方式下获得了最多的补偿，但是其灵活性等级不高，没有获得激励型容量补偿。该方法针对不同机组的补偿强度可以动态调整，特别是在未来新型电力系统中新能源比例不断增大的趋势下，能够显著提高市场运行效率，更好地满足未来新型电力系统的发展需求，保障系统的安全稳定运行。

5.5　本章小结

在"双碳"目标的驱使下，新能源逐步成为主体电源，常规火电机组发电空间和市场份额受到一定程度的挤占。为了解决常规火电机组生存困难的局面并推动新能源消纳，研究一种能够适应高比例新能源发展需求，同时符合市场化竞争原则的容量成本回收机制成为重要课题。

首先，本章借鉴了国内外现行容量成本回收机制的实施经验，从国内外常规机组常见的三种容量成本回收机制（稀缺定价机制、容量市场机制和容量补偿机制）的成本回收原理、实施地区和适用性着手研究；在此基础上对国内外各机制的实施情况进行分析，包括美国得州市场的稀缺定价机制、英国的容量市场、美国的 PJM 容量市场、智利的容量市场，国内山东、广东实行的容量补偿机制，以及国家统一建立的煤电容量电价机制，借鉴各机制的具体设计、运行和效果等方面。为进一步设计符合我国国情的常规机组容量成本回收机制奠定了理论和实践基础。

其次，未来随着新型电力系统中新能源比例不断增大，电力系统的灵活调节能力需求越来越大，所以本节提出双差异的容量补偿机制，该机制在保障火电机组固定成本回收的基础上进一步激励其灵活调节能力的提升，以满足不断发展的新型电力市场需求。

最后，结合某地区的实际装机情况为例构造算例系统，计算出了三类机组在双差异化容量补偿方式下的补偿强度，与现行煤电容量电价机制的补偿强度进行对比，得出双差异化容量补偿机制可行有效的结论。

参 考 文 献

[1]　王丽. 电力现货市场容量补偿机制探析 [J]. 中关村，2022，（11）：110-111.

[2]　国家发展改革委，国家能源局. 国家发展改革委 国家能源局关于建立煤电容量电价机制的通知：发改价格 〔2023〕1501 号 [EB/OL]. （2023-11-10）[2024-11-19]. https：//www. ndrc. gov. cn/xxgk/zcfb/tz/202311/t20231110_ 1361897. html.

[3]　广东省能源局，国家能源局南方监管局. 广东电力市场容量补偿管理办法（试行，征求意见稿）[EB/OL]. （2020-12-16）[2024-11-19]. https：//news. bjx. com. cn/html/20201216/1122564. shtml.

[4]　黄海涛，许佳丹，郭志刚，等. 发电容量充裕性保障机制国际实践与启示 [J]. 中国电力，2023，56（1）：68-76.

第6章

新型电力系统期待全方位多角度的市场机制

随着全球能源转型的加速，新能源发电规模不断增大，新型电力系统的建设发展成为各国共同面临的课题。我国电力市场建设起步较晚，还处于探索发展阶段，各类市场机制相对还不够完善。随着我国新型电力系统的不断发展，亟需健全完善全方位各角度的电力市场机制，通过电能量市场、辅助服务市场、容量市场多元市场的协同配合来更好地满足新型电力系统的发展需求，从而保障电力系统的安全稳定运行。本章将结合国际多元电力市场协同配合的先进实践经验，通过分析我国多元电力交易市场发展现状，总结我国现有电力市场机制体制取得的显著成果以及存在的问题，从而对我国未来新型电力系统市场机制建设提出意见建议并明确发展方向，为未来新型电力系统的安全运营打下坚实基础。

6.1 新型电力系统需要多元市场的协同配合

6.1.1 国际电力市场机制的经验与启示

在高比例新能源渗透的新型电力系统环境下，多元市场的协同配合变得尤为重要，通过多元市场的协同配合，可以有效促进可再生能源的消纳，提高新型电力系统的灵活性和韧性。

国外电力市场起步较早，在长期运行过程中积累了较为丰富的建设及管理经验，为满足电力作为特殊商品具有的供需实时平衡、传输遵循特定物理规律的技术经济特征，国外电力市场普遍建设实时平衡市场和辅助服务市场等；为促进可再生能源发展，国外电力市场主要采用政府补贴和市场化竞争相结合的方式促进可再生能源消纳；为提升系统备用容量，许多国家正在积极探索建立容量机制以保证电力基础设施投资充裕度等。本节将对国外多元市场协同配合情况进行梳理，选取美国 PJM、德国、澳大利亚 NEM、加州独立系统运营商进行重点介绍。

1. 美国 PJM 互联

美国 PJM 互联是美国最大的电力市场和电网运营商之一，服务于包括华盛顿特区在内的 13 个州，负责管理一个竞争性的批发市场和确保电网的可靠性。PJM 市场包括日前市场、实时市场、容量市场和辅助服务市场等。日前市场允许市场成员在每天的规定时间内提交第二天的投标计划，而实时市场则根据实际电网操作条件进行每 5min 一次的出清。PJM 还采用节点边际电价（Locational Marginal Price，LMP）来管理输电阻塞，并使用固定输电权（Fixed Transmission Rights，FTR）来平抑价格波动。

PJM 的运营历史可以追溯到 1927 年，当时是宾夕法尼亚州和新泽西州的三家公共事业公司形成的电力联营体。到了 1997 年，PJM 成立了独立的公司，并在 2002 年成为美国首个区域输电组织（Regional Trasmission Organization，RTO）。PJM 的市场设计旨在通过竞争来降低电价，同时提高电力系统的可靠性和清洁度。PJM 通过容量市场提前三年确保电力用户的需求能够被满足，并通过整合更有效的资源来减少对备用的需求，帮助用户节约成本。PJM 的市场和运营机制是电力行业和公共政策变革的市场化解决方案，通过竞争带来了更低的电价和更可靠、清洁的电力系统。

2. 德国电力市场

德国电力市场以其高比例的可再生能源整合而著称。德国通过实施市场化的电力交易和提供辅助服务，如频率调节和电网稳定性服务，成功地管理了高比例的风能和太阳能。德国的电力市场设计基于纯电量市场原则，形成了基于边际成本的日前市场和日内连续交易市场，其中激励措施的出发点是在某一时间点的负荷需求。此外，德国还设计了平衡能量市场，以维持电力系统的供需能量平衡，并为热储备功率和实际投入的平衡电量付费。德国通过全额保障性收购制度，确保了可再生能源电量的消纳，这包括保障性收购电量和市场交易电量，多方位、多主体协同促进可再生能源消纳。

3. 澳大利亚国家电力市场

澳大利亚国家电力市场（National Electricity Market，NEM）是一个覆盖新南威尔士州、澳大利亚首都领地、昆士兰州、南澳大利亚州、维多利亚州和塔斯马尼亚州的批发市场和物理电力系统。NEM 的运作依赖于一个长达数千公里的互联系统，由澳大利亚能源市场运营商（Australian Energy Market Operator，AEMO）进行 24/7 的监控和调度。

NEM 的电力市场包括日前市场、现货市场和频率控制辅助服务（Frequency

Control Ancillary Services，FCAS）市场，其中 FCAS 市场是澳大利亚电力市场中的一个重要组成部分，包括调节调频和应急调频服务。储能系统，如电池可以在这些市场中提供服务并获取收益。随着可再生能源的增加，电力现货市场价格波动加剧，为储能提供了更多的套利机会。为了促进储能技术的发展和整合，澳大利亚正在进行电力市场规则的改革，包括引入 5min 结算机制、综合资源规划（Integrated Resource Planning，IRP）市场主体身份和系统完整性保护（System Integrity Protection，SIP）计划。这些改革旨在提供更清晰的价格信号、明确的身份、有效的激励机制以及更多的收益来源，帮助储能进入市场并获得收益。

此外，澳大利亚的家用储能市场也在增长，部分原因是可再生能源的普及和政府的相关政策支持。例如，南澳大利亚州的虚拟电厂（Virtual Power Plant，VPP）项目可以获得包括电费收益、电力市场收益、政府补贴和可再生能源证书收益等多种收益。在储能收益方面，家用储能系统的主要收益来源是配合屋顶光伏自发自用带来的电费节约，而参与电力市场交易的规模化储能则主要通过辅助服务市场获得收益。随着市场规则的改革和储能技术的进步，预计澳大利亚的储能市场将继续发展，为电力系统的稳定和可再生能源的整合提供支持。

4. 加州独立系统运营商

加州独立系统运营商（California Independent System Operators，CAISO）是美国最大的独立系统运营商之一，负责管理加利福尼亚州大部分地区的电力传输系统，以及部分内华达州的电力传输。CAISO 不仅负责电力的传输，还运营着一个竞争性的批发市场，包括日前市场、实时市场、辅助服务市场等。此外，CAISO 还运营着一个能量不平衡市场（Energy Imbalance Market，EIM），该市场允许成员在实时市场中共享备用电力，以解决可再生能源的波动性问题。

CAISO 的市场模型允许储能资源参与多种电力市场，包括能量市场和辅助服务市场。储能可以提交价格投标、初始荷电状态和期望的末尾荷电状态，由 ISO 求解多时段耦合的经济调度模型，得到各时段的节点电价和储能的充放电计划。这种模式下，储能的荷电状态约束由 ISO 在出清模型中统一考虑，保证了出清结果对于储能的可行性。CAISO 还计划开发模块评估储能的放电成本，以防止市场力的滥用。

CAISO 还推动了电力市场改革，以适应可再生能源的增长，包括引入爬坡类产品、系统惯性频率响应服务类产品，以及确保资源充裕度。此外，CAISO 鼓励储能参与电力市场，通过提供市场准入、降低准入门槛、设计不同的报价参数以及价格机制，使储能可以作为电源或负荷被调度，并且购售电价均为批发市场边际出清价格。

综上所述，国际经验为我国多元电力市场建设提供了宝贵的启示。在当前电力市场化改革的大背景下，多元市场协同配合能够优化电力资源的配置，通过不同层级和类型的市场紧密衔接，实现电力供需的高效匹配，这有助于提升整体电力系统的运行效率。其次能够更好地发现电力价格，为市场参与者提供价格信号，同时通过多元化的交易品种和金融工具，如电力期货和衍生品，帮助经营主体管理价格波动风险。此外，随着新能源装机容量的增加，电力系统需要更多的灵活性来适应其间歇性和不可预测性。通过市场机制的创新和市场设计的适应性调整，可以有效促进我国电力系统的绿色转型，实现多元市场的协同配合，为全球能源转型贡献中国智慧和中国方案。

6.1.2　我国多元电力交易市场发展现状

1. 电能量市场

电能量市场包括中长期市场和现货市场，两者的定位是中长期市场锁定收益，现货市场发现价格。在电力中长期市场中，发电企业与电力用户对合同电量议价，合同周期包括年度、月度、月内，电价为单一数值或者是峰平谷三个数值。而在电力现货市场中，电量由市场出清形成，即根据发用两侧电力实时平衡情况，按照电力现货规则形成分时点价格，即每天、每小时电价都不同，最小颗粒度为 5min 一个电价，但结算环节大多为 15min 一个电价。若按 15min 出清一次形成一个价格，则电力现货市场会形成 96 时点的电价曲线。当电力现货市场长周期平稳运行，且发用两侧充分竞争、市场力处于合理范围内时，电力现货市场分时曲线将真实反映电力系统供需情况。发用两侧在电力中长期市场可依据该电价曲线签订中长期合约的电量和电价，即电力现货市场中发现的价格信号作为中长期合约签订依据。反过来，中长期合约的电量占比高达 80% 以上，有助于对冲电力现货市场价格较大的波动幅度，稳定市场各方预期。两方相互促进，有助于电力市场良性循环。

（1）电力中长期市场　2016 年底，国家发展改革委、国家能源局联合印发了《电力中长期交易基本规则（暂行）》[1]，规定了电力中长期交易的品种、周期、方式、价格机制、时序安排、执行、计量结算及合同电量偏差处理等内容，建立了相对完整的电力中长期交易规则。之后，各省发展改革委、能源局几乎每年都会印发当地电力中长期交易方案，逐步扩大交易规模和范围。2020 年 6 月，国家发展改革委、国家能源局印发正式版《电力中长期交易基本规则》[2]，对

2016 版进行修订。

当前，电力中长期交易市场呈现出交易规模持续增长、市场竞争日益激烈、绿色电力交易占比不断提升的特点。

1）交易规模增长：全国各电力交易中心累计组织完成的市场交易电量持续增长。例如，2024 年 1~5 月，全国各电力交易中心累计组织完成市场交易电量超 2.3 万亿 kW·h，同比增长 5.8%。这表明电力中长期交易市场活跃度持续提升，市场规模不断扩大。

2）市场竞争激烈：随着电力市场的逐步放开和新能源发电的快速发展，越来越多的发电企业、售电公司和电力用户参与到电力中长期交易市场中来。市场竞争日益激烈，推动了市场价格的合理形成和资源配置的优化。

3）绿色电力交易占比提升：绿色电力在电力中长期交易中的占比不断提升。随着"双碳"目标的提出和推进，清洁能源发电在电力市场中的地位日益凸显，多地政府出台相关政策支持绿色电力发展，鼓励企业和用户购买绿色电力。据统计，2024 年前 5 个月绿电绿证交易量已超过 1800 亿 kW·h，同比增长约 327%。其中，绿电交易电量达到 1481 亿 kW·h，显示出绿色电力市场的快速增长。

（2）电力现货市场 2015 年《中共中央 国务院关于进一步深化电力体制改革的若干意见》（中发〔2015〕9 号）实施以来，我国电力市场建设稳步有序推进。2022 年和 2023 年国家发展改革委、国家能源局连续下发《关于加快推进电力现货市场建设工作的通知》（发改办体改〔2022〕129 号）和《关于进一步加快电力现货市场建设工作的通知》（发改办体改〔2023〕813 号），进一步明确了电力现货市场建设要求[3]。截至 2023 年，蒙西、山东、甘肃和湖北四个地区电力现货市场已经开始进行连续结算试运行，包括河南在内的八个地区电力现货市场进行了长周期结算试运行，随着山西、广东电力现货市场于 2023 年 12 月先后宣布转入正式运行，我国电力现货市场建设迈上新的征程。

1）第一批电力现货试点区。2017 年选取广东、蒙西、浙江、山西、山东、福建、四川、甘肃八个地区作为第一批电力现货市场试点，见表 6-1。2023 年，首批八个试点地区，山西和广东分别于 2023 年 12 月 22 日和 12 月 28 日转入正式运行；蒙西、山东、甘肃继续开展连续不间断结算试运行；福建推动第二阶段电力现货市场建设，全年第一阶段电力现货市场长周期试运行；四川结合实际探索丰枯季相衔接的市场模式，开展枯水期火电长周期结算试运行工作；浙江推动开展二次调电试运行。

表 6-1　第一批电力现货试点地区建设情况

地区	市场进展	电源侧参与范围	新能源参与方式	用户参与方式
南方(以广东为起步)	由连续结算试运行转入正式运行	省内煤电、气电、核电、风电、光伏	报量报价	报量不报价
蒙西	连续结算试运行	煤电、新能源	报量报价公平竞争	不报量不报价
浙江	调电试运行	全省统调燃煤发电企业	暂不参与	不报量不报价
山西	由连续结算试运行转入正式运行	省内公用火电、新能源、独立储能、抽水蓄能、虚拟电厂	报量不报价优先出清	报量不报价
山东	连续结算试运行	火电、集中式风电、集中式光伏、核电、独立储能	报量报价	报量不报价
福建	长周期试运行	省内统调常规纯凝火电	不报量不报价优先出清	不报量不报价
四川	结算试运行	火电、新能源	报量报价公平竞争	报量报价
甘肃	连续结算试运行	公网火电、市场化水电、存量新能源、平价新能源	报量报价	报量报价

2）第二批电力现货试点区。2023 年，第二批六个试点地区，江苏、安徽、辽宁、湖北、河南这五个地区全年共完成九次结算试运行，运行时间合计 230 天，见表 6-2。

表 6-2　第二批电力现货试点地区建设情况

地区	市场进展	电源侧参与范围	新能源参与方式	用户参与方式
上海	调电试运行	统调共用常规燃煤机组及五家燃机电厂	暂不参与	不报量不报价
江苏	结算试运行	单机 10 万 kW 以上统调公用燃煤机组、核电机组	暂不参与	不报量不报价
安徽	结算试运行	省调公用煤电机组(10 万 kW 及以上)，2022 年及以后省调平价新能源场站、独立储能电站	报量不报价优先出清	报量报价以及报量不报价
辽宁	结算试运行	省内公用火电、集中式新能源、核电	报量不报价优先出清	报量不报价

（续）

地区	市场进展	电源侧参与范围	新能源参与方式	用户参与方式
河南	结算试运行	集中式新能源、参与电力中长期交易的燃煤发电企业	报量不报价优先出清	报量不报价
湖北	结算试运行	统调共用燃煤机组、110kV以上新能源场站	不报量不报价	不报量不报价

3）非试点地区。非试点地区方面，2023 年 6 月 20 日，江西率先完成全国首个非试点地区电力现货市场结算试运行，宁夏、河北南网、陕西和重庆于 2023 年下半年陆续启动结算试运行，青海和新疆首次开展模拟试运行和调电试运行，吉林首次开展模拟试运行。

4）区域电力现货市场。区域电力现货市场方面，2023 年 12 月 16 日，南方区域首次实现全区域电力现货市场结算，完成区域市场从模拟运行到实时结算的重要转变，全国第一个区域电力市场建设取得进展。

2. 辅助服务市场

（1）我国电力辅助服务开启市场化加速　从我国电力辅助服务的发展历程来看，总体上经历了四个阶段，包括无偿提供阶段、计划补偿阶段、市场化探索阶段和市场加速阶段[4]。其中，2002 年以前，我国电力供应主要采取垂直一体化的管理模式，没有单独的辅助服务补偿机制。2002—2014 年期间，伴随《并网发电厂辅助服务管理暂行办法》等政策发布，我国电力市场采用计划补偿的方式。2014—2017 年，电力辅助服务进入市场化探索阶段。《中共中央、国务院关于进一步深化电力体制改革的若干意见》提出以市场化原则"建立辅助服务分担共享新机制"以及"完善并网发电企业辅助服务考核机制和补偿机制"。后续各地以该市场的交易规则和市场运行机制为基础、以市场化为原则，逐步开启市场化探索道路。2017 年至今，随着国家部委持续完善电力辅助服务机制，我国电力辅助服务行业进入市场化加速发展阶段。2024 年《电力辅助服务市场基本规则（征求意见稿）》[5] 提出优化各类辅助服务价格形成机制，健全辅助服务费用传导机制，统筹完善市场衔接机制，推动完善电力辅助服务市场建设。

（2）电力辅助服务市场规模不断扩大　截至 2023 年底，我国电力辅助服务实现六大区域、33 个省区电网的全覆盖，统一的电力辅助服务体系基本形成，如图 6-1 所示。从六大区域电力辅助服务市场开展情况看，当前南方电网以备用、调频为主，西北电网以调峰为主，华东电网以调峰、备用为主，华北电网和华中电网均以调峰为主，东北电网具备调峰、备用、抽蓄超额使用等辅助服

图 6-1 电力辅助服务发展历程

务[6]。随着我国不断推进全国统一电力市场体系建设，电力市场交易规模和交易主体数量也在不断增加。数据显示，2023 年，全国电力市场化交易电量达 5.7 万亿 kW·h，同比增长 7.9%。其中，跨省跨区市场交易电量超过 1 万亿 kW·h。整体来看，市场对电力资源优化配置能力需求不断增强。

（3）新型储能装机规模显著增长 新型储能是除抽水蓄能电站之外，向电力市场提供储能服务的新型储能技术，主要包括电化学储能、压缩空气储能、飞轮储能等。为了提高电力市场调节能力，加之新型储能技术不断提升，我国新型储能装机规模持续扩大。从投资规模来看，"十四五"以来，新增新型储能装机直接推动经济投资超一千亿元，带动产业链上下游进一步拓展，成为我国经济发展"新动能"。

（4）辅助服务市场主体多元化发展 为了适应新型电力系统需求，我国电力辅助服务市场主体趋向多元化发展。除火电、抽水蓄能外，市场新增了负荷聚合商、虚拟电厂、新型储能等用户侧资源参与电力辅助服务市场。上海、浙江、深圳等地利用电动汽车、换电站、5G 基站等优质调节资源，开展了虚拟电厂二次调频辅助服务能力验证，为虚拟电厂常态化参与调频市场奠定基础。截至 2024 年 6 月底，国网经营区有 8 省允许储能参与电力现货市场，12 省允许其参与调峰，9 省允许其参与调频，一次调频、黑启动、爬坡、备用等也已对储能开放。

3. 容量市场

容量市场机制是一种市场化程度较高的容量成本回收机制，它以容量作为标的物，以市场竞争的方式来形成机组的容量价值，最终通过市场出清实现对机组成本的回收。目前我国正处于电力市场建设初级阶段，在容量成本回收机制建设方面正在积极探索。

2015 年，国家发展改革委和国家能源局发布《关于印发电力体制改革配套文件的通知》，对一些电力体制改革核心问题给予明确，要求条件成熟时，探索开展容量市场。2019 年，国家能源局发布《关于深化电力现货市场建设试点工作的意见》，要求加快研究，适时建立容量补偿机制或容量市场，保证电力系统长期容量充裕度，这一举措表明容量市场建设成为中国电力市场化改革的重要方向之一。容量补偿机制简单易行，在短期内能够缓解电力市场的不稳定性，为电力企业提供保障。但是，长期来看，容量市场机制更能够引导电源有序投资，优化电力市场的供需结构，实现电力系统的可持续发展。2022 年，国家发展改革委印发《关于加快建设全国统一电力市场体系的指导意见》，提出要引导各地区根据实际情况，建立市场化的发电容量成本回收机制，探索容量市场，保障电源固定成本回收和长期电力供应安全。2023 年 1 月 1 日，云南建立了煤电容量市场，在煤电市场化改革方面迈出了决定性的一步，引入了一定的市场竞争，进行了初步的实践探索。

面对我国电力市场实际运行当中所存在的问题，在各种发电充裕度机制中，容量市场机制通过市场竞争的方式保证系统容量充裕度，能够有序引导机组合理规划投建，因此有必要围绕容量市场的建设展开深入研究，积极推进容量市场建设，即多种调节资源通过市场竞争形成容量价格，通过市场化手段形成的容量定价机制反映容量资源的差异化质量，引导资源向更高效、更环保的发电方式倾斜，为电力系统提供高性价比的容量保障服务，促进电力系统的可持续发展。

6.2 多元电力交易市场对新型电力系统的推动作用

在构建新型电力系统的背景下，多元电力交易市场发挥着至关重要的作用。电能量市场、辅助服务市场和容量市场是其核心组成部分，它们共同推动着电力系统的转型和升级。多元电力交易市场的建立和完善，不仅能够促进电力资源的有效配置，还能够提高电力系统的调节能力和稳定性，为新型电力系统的构建提供坚实的市场基础。通过这些市场机制的协同作用，可以更好地整合不同类型的发电资源，优化电力供应结构，推动电力行业向更加清洁、高效、智能的方向发展。

6.2.1 促进新能源高比例消纳

（1）电能量市场　电能量市场通过市场机制激励新能源发电企业积极参与

市场竞争，提高新能源发电的利用率和经济性。例如，通过绿电交易机制，新能源发电企业可以获得额外的收益，从而更有动力进行新能源项目的建设和运营；通过专场交易、打捆交易等方式，新能源发电企业可以与大用户直接交易，提高新能源的利用率。同时，电能量市场中的价格信号能够反映电力的实时供需情况，引导新能源发电企业合理安排发电计划，提高发电效率。储能系统也可根据市场价格信号进行"低充高放"，促进新能源的消纳。

（2）辅助服务市场　我国电力辅助服务在有功平衡、无功平衡和事故应急及恢复三个维度下可进一步细分为十个典型交易品种。其中，有功平衡主要包括调峰、调频、转动惯量、备用和爬坡五个典型辅助服务，无功平衡主要包括自动电压控制和调相运行，事故应急及恢复主要包括稳定切机、稳定切负荷和黑启动。在调峰辅助服务方面，我国在非电力现货试点省份充分发挥调峰辅助服务对新能源消纳的促进作用，降低了弃风弃光率。在电力现货试点省份，由于调峰辅助服务作用与价格机制与现货市场相似，各电力现货试点已普遍实现调峰辅助服务与电力现货市场的融合，通过降低机组申报下限、拉大电力现货市场限价区间等方式，发挥电力现货市场对调峰的激励作用，取得了显著成效。

（3）容量市场　容量市场的建立有助于吸引多元化的市场参与者，鼓励抽水蓄能、储能、虚拟电厂等调节电源的投资建设，包括不同类型的发电公司和需求侧管理资源，以市场化收益吸引社会资本，保障电源固定成本回收和长期电力供应安全，这对于新能源项目的投资和运营至关重要，确保在高峰时段系统有足够的发电能力来满足需求，更好地适应新能源的波动性和不确定性，促进新能源可持续投资，这对于新能源的发展和消纳具有积极影响。

6.2.2　提高电力市场运行效率

（1）电能量市场　电能量市场通过市场化手段优化电力资源配置，使电力资源得到更加合理的利用。例如，通过电力中长期交易和现货交易相结合的方式，可以平衡电力供需关系，降低电力市场的波动性和不确定性。除此之外，电能量市场的发展还可以降低电力交易的成本，提高电力市场的运行效率。例如，通过引入竞争机制，打破电力市场的垄断格局，促进电力市场的充分竞争和价格发现。

（2）辅助服务市场　随着"双碳"目标下，对系统灵活性调节能力和辅助服务需求的逐步提升，以及电力中长期、现货市场等电能量市场化交易机制的逐步完善，调频、备用等辅助服务市场化交易机制将在我国得到进一步发展，转动惯量爬坡等满足系统运行灵活性的辅助服务交易品种也将在未来逐步实现市场化交易，并最终构建完整的辅助服务市场。同时，按照"谁提供、谁获利；谁受益、谁承担"原则，逐步推动辅助服务成本向用户侧的传导分摊或收益共享，从而提高电力市场的运行效率。

（3）容量市场　容量市场通过价格信号引导资源向最需要的地方流动，优化电力资源的配置，提高整个电力系统的运行效率。长期以来，我国发电资源分配主要依赖计划方式实现，导致资源配置效率不高。通过建设容量市场引入市场竞争，有助于发现增量发电资源的真实成本，经由市场引导增量发电资源进行优化配置，最终实现节约社会整体用能成本的目标。此外，容量市场还可以引导电力供给向绿色低碳转型，推动能源结构的优化升级。

6.2.3　提升电力系统调节能力

（1）电能量市场　电能量市场可以通过价格信号激励发电侧的灵活调节电源，如煤电机组通过灵活性改造提供调峰服务，以及需求侧资源，如需求响应和储能参与市场，从而增强系统的调节能力。同时，电能量市场还可以通过价格信号引导用户侧参与系统调节，如实施尖峰电价、拉大电力现货市场限价区间等手段，提高需求侧响应的激励效果，释放用户侧调节潜力。

（2）辅助服务市场　当前，我国参与调峰、调频辅助服务并提供灵活性调节能力的经营主体以火电机组为主，未来将不断放宽辅助服务准入标准，引入储能、虚拟电厂等各类新兴经营主体。随着"双碳"目标下分布式电源、虚拟电厂、负荷聚集商等新兴经营主体和新技术在电网中的实践与运用，我国灵活性调节资源将逐步由电源侧向负荷侧拓展，逐步实现源网荷储灵活互动的新模式，辅助服务市场的准入要求和准入标准也将进一步放宽，虚拟电厂、负荷聚集商等新兴经营主体在满足回应速度和调节能力的基础上可参与调频、备用等各类辅助服务市场交易，从而全面提升电力系统的整体灵活调节能力。

（3）容量市场　容量市场可以通过细分容量资源价值，建立可靠容量评估机制，体现灵活调节能力和碳排放水平，市场化手段建立源荷双侧调节机制，加快推进电力市场建设，鼓励社会资本参与，以及建立电力系统调节能力提升标准体系和加强创新推动新技术应用等措施，鼓励多主体协同参与容量市场，充分挖掘各类主体的容量潜力，有效提升电力系统的灵活调节能力，引导各类容量资源向更高效、更环保的发电方式倾斜，为电力系统提供高性价比的灵活性保障服务。

6.3　适应未来新型电力系统发展的市场机制展望

在"双碳"目标驱动下，高比例新能源接入将成为电力系统的基本特征和发展形态。我国电力市场建设还处于探索发展阶段，构建以新能源为主体的新型电力系统，亟需构建统一开放、高效运转、有效竞争的电力市场体系，大力推进多元市场的协同配合，全方位多角度保障电力系统的可持续高质量发展。

6.3.1　面临问题

在建设全国统一电力市场背景下，全国各省都在积极有序推进电力市场建设，通过实践探索取得了一定的成果，但同时也暴露了各个市场的相关机制在实际运行中存在的典型问题。

电能量市场交易存在多时序市场衔接不畅问题。大部分省级电力市场中长期交易目前仍处在从固定开市向连续开市过渡的阶段。截至 2024 年底，我国只有少数省份，如山西、山东、宁夏、甘肃、河南等省份实现电力中长期市场按日连续运营。另一方面，部分省份市场主体在达成电力中长期交易时仅有电量合同，未形成中长期曲线或未约定曲线分解方式，没有真正实现分时段或带曲线交易，影响电力中长期与现货市场衔接，也不利于市场公平高效运作。同时部分省份电力现货市场建设缓慢、新能源未参与电力现货市场的出清结算因素，电力现货市场价格信号未能实现引导新能源的投资规划，电力市场可持续发展受到挑战。辅助服务市场中辅助服务产品种类较为单一，交易机制不完善。现有的主要辅助服务产品"调峰"和"调频"无法充分解决大量可再生能源接入电力系统所带来的不稳定性问题。在容量市场建设方面，我国目前采用两部制电价对常规火电机组进行容量补偿，事前制定的确定性容量补偿价格难以反映电力系统中市场供需关系的真实变化。在电力需求高峰时期，容量补偿机制可能无法提供足够的激励来吸引发电资源增加供应，从而导致电力短缺。系统容量充裕度的波动与确定性容量补偿价格之间存在明显矛盾。

6.3.2　市场展望

针对上述问题，为有效推动我国多元电力市场建设，促进新型电力系统的高质量发展，各类市场需要对未来发展方向进行展望并采取相关措施来不断优化完善市场机制建设。

电能量市场亟需健全中长期交易机制，一是要推动电力中长期市场向灵活化、精细化、标准化转变，开展电力中长期市场连续运营，持续深化电力中长期市场建设，全面开展带曲线交易，推动电力中长期交易逐步缩短交易周期、提升交易频次、丰富交易品种，做好与电力现货市场协同运营；二是可以引入中长期带时标能量块交易，对交易周期、交易流程等交易组织关键要素进行标准化设计，便于市场主体更加灵活、更加充分地购买、售出电能，更好地适应电力供需时段性变化频繁和新能源发电波动性、随机性特点，尽量使电力中长期交易与现货交易无缝衔接；三是要研究可再生能源参与电力中长期市场的方式，切实发挥中长期合约对于可再生能源企业规避风险的作用。电力现货市场也是电能量市场建设的重要组成部分，为发挥其在提供价格信号、引导资源优化配置方面的重要作用，一是要尽快推动参与中长期交易的用户参与电力现货交易，实现电力中长期、现货市场有效衔接；二是要尽快推动省间电力现货市场正式运行，形成"省间+省内、中长期+现货"的市场完整体系；三是要逐步扩大省级电力现货试点覆盖范围，支持具备条件的试点不间断运行，逐渐形成长期稳定的电力现货市场，完善电力现货交易限价、报价机制，形成更加合理的电力现货市场价格；四是要进一步研究可再生能源参与电力现货市场的方式，发挥电力现货市场价格信号引导资源配置的作用。

辅助服务市场需要创新辅助服务的种类。积极引入爬坡类产品、系统惯性、快速调频等新型辅助服务品种，以满足系统对具有良好快速爬坡能力和调节性能的电源需求，并通过市场化定价方式对这类机组进行经济补偿。其次，扩大辅助服务市场参与主体的范围，纳入分布式电源、储能、虚拟电厂、负荷聚集商、微电网等新兴市场主体。再次，建立健全辅助服务市场的成本分摊和收益共享机制，逐步将辅助服务成本传导到用户侧，并对新兴市场主体进行经济补偿。最后，要推动辅助服务市场建设，并加强与电力现货市场的协调和衔接，依据实际情况设计适合的辅助服务市场机制，通过单独清算或联合清算方式实现与电力现货市场的有效对接。

容量市场建设需要分阶段逐步建立和完善，在实践中不断总结经验来扎实推进容量市场发展。第一阶段，为了保障电力系统的供需平衡，推动发电侧主体率先参与容量市场，通过集中拍卖形成容量价格以充分激发各类发电主体主动自身容量储备水平，保障新型电力系统的运营安全。第二阶段，新能源逐步成为我国电量供应主体。在这一阶段，需要逐步放宽多类型电源参与容量市场的准入门槛，激发新能源以及负荷侧多类容量资源主体主动参与容量市场的积极性，持续强化容量市场可靠容量评估机制，保证多类型容量资源同台竞争的公平性，同时持续完善容量市场运行细节，形成一套成熟的容量市场运行体系。

在推动我国多元电力市场建设的过程中，需要确保电能量市场、电力现货市场、辅助服务市场和容量市场之间的紧密协同与配合。通过优化电力中长期交易机制，引入灵活的交易品种和标准化设计，更好地适应新能源的波动性，并为电力市场参与者提供更精细化的交易选择。电力现货市场的扩展和省间市场的互联互通将为电力系统提供即时的价格信号，引导资源的优化配置。辅助服务市场的创新将引入新型服务品种，扩大参与主体范围，确保系统对快速调节能力的需求得到满足。容量市场的逐步建立将为电力系统的供需平衡提供保障，并逐步放宽新能源和负荷侧资源的参与门槛，激发市场活力。多措并举构建一个高效、灵活、协同的多元电力市场体系，促进新型电力系统的高质量发展，满足经济社会发展和环境保护的双重需求。

6.4　本章小结

随着全球新能源发电占比不断增加，本章深入分析了新型电力系统在多元市场机制下的运作和发展。国际电力市场的经验表明，通过实时平衡市场、辅助服务市场和容量市场的建设，可以有效促进可再生能源的消纳并增强系统的灵活性和韧性。美国 PJM、德国、澳大利亚 NEM 和加州独立系统运营商等案例展示了多元市场如何通过竞争和市场化手段提高电力系统的效率和可靠性。

目前，我国电力市场的建设正在逐步推进，电能量市场中长期和现货市场的结合正在促进新能源的高效利用和电力资源的优化配置。辅助服务市场的市场化加速，特别是调峰和调频服务正在提升系统的调节能力，同时，新型市场主体，如储能和虚拟电厂的参与为系统灵活性提供了新的解决方案。容量市场的探索则着眼于通过市场机制激励发电企业投资，确保电力供应的稳定性和可靠性。

通过分析得出，多元电力交易市场对新型电力系统的推动作用十分显著，不仅促进了新能源的消纳和电力市场运行效率的提升，还增强了系统的调节能力。未来，随着"双碳"目标的推进和电力市场化改革的深入，我国将结合国际先进经验和自身发展情况进一步促进多元市场的协同配合，为我国电力系统的绿色转型和可持续发展提供坚实支撑。

参 考 文 献

[1] 国家发展改革委，国家能源局. 国家发展改革委　国家能源局关于印发《电力中长期交易基本规则（暂行）》的通知：发改能源〔2016〕2784 号［EB/OL］.（2016-12-29）［2024-11-14］. https：//www. ndrc. gov. cn/xxgk/zcfb/tz/201701/t20170112 _ 962864. html.

[2] 国家发展改革委，国家能源局. 国家发展改革委　国家能源局关于印发《电力中长期交易基本规则》的通知：发改能源规〔2020〕889 号［EB/OL］.（2020-6-10）［2024-11-14］. https：//www. ndrc. gov. cn/xxgk/zcfb/ghxwj/202007/t20200701_1232843. html.

[3] 国家发展改革委，国家能源局. 国家发展改革委　国家能源局关于印发《关于进一步加快电力现货市场建设工作的通知》：发改办体改〔2023〕813 号［EB/OL］.（2023-11-01）［2024-11-14］. https：//www. ndrc. gov. cn/xxgk/zcfb/tz/202311/t20231101 _ 1361704. html.

[4] 马莉，杨素，范孟华，等. 2022 国内外电力市场化改革分析报告［M］. 北京：中国电力出版社，2022.

[5] 国家能源局. 国家能源局综合司关于公开征求《电力辅助服务市场基本规则》意见的通知［EB/OL］.（2024-10-08）［2024-11-14］. https：//zfxxgk. nea. gov. cn/2024-10/08/c_1212404033. htm.

[6] 贾松. 我国电力辅助服务市场建设现状及问题分析［EB/OL］.（2023-09-29）［2024-11-14］. https：//mp. weixin. qq. com/s/e1D04ZopD-wTBNHHNmLZ1Q.